Photosho

與 AI 工具的創意應用魔法書

全華研究室　王麗琴　著

U0037221

全華

📷 編輯大意

我們常常在學習中，得到想要的知識，並讓自己成長；學習應該是快樂的，學習應該是分享的。本書要將學習的快樂分享給你，幫助你在其中不斷的進步。

本書共分為13章，可以學習到各種 Photoshop 的使用技巧，及使用 AI 工具生成圖片及編修圖片，學會了這些使用技巧後，當你利用 Photoshop 編修各種圖片或設計時，都能輕而易舉地完成。

每一章照片都是我們配合各工具的特性精選出來的，你可以依照書中指示，開啟相關檔案進行練習。而每一章最後的綜合應用更是你不能錯過的單元，我們提供了1至2個實用範例，讓你可以快速完成圖片的編修與設計。

在本書中的所有範例，都會先針對每個範例做說明，並告訴你可以學習到什麼，開始學習前，別忘了先開啟範例檔案，跟著書中的步驟一起練習，透過實際操作，鞏固所學的知識與技能。

- CH01 數位影像基本概念
- CH02 Photoshop 基本操作
- CH03 數位影像基本編修
- CH04 數位影像色彩調整
- CH05 數位影像去背與變形處理
- CH06 數位影像的修復與潤飾
- CH07 圖層的應用
- CH08 路徑與向量形狀的繪製
- CH09 文字使用技巧
- CH10 濾鏡特效
- CH11 創意設計實例應用
- CH12 使用 AI 工具生成圖片
- CH13 線上設計工具

本書還提供了豐富的設計實例和範例，讓你徹底深入了解使用方法並立即應用所學。除此之外，還設計了「自我評量」單元，讓讀者在吸收知識之後，也能驗收閱讀的成果。最後，感謝你閱讀本書，也希望你後續在學習 Photoshop 的過程中，獲益良多。

範例檔案

本書提供了完整的範例檔案，我們將範例檔案依照各章分類，例如：Chapter13範例檔案，儲存於「CH13」資料夾內，請依照書中的指示說明，開啟這些範例檔案使用。

操作介面

使用本書時，可能會發現書中的操作介面與電腦所看到的有些不同，這是因為每個人所使用的螢幕尺寸、系統所設定的字型大小等不同的關係，而這些設定都會影響到顯示方式，當螢幕尺寸較小，或是將系統字型設定為中或大時，就會因為無法顯示所有的按鈕及名稱，而自動將部分按鈕縮小，或是省略名稱。

版本說明

本書使用Photoshop CC 2024版本撰寫，在閱讀本書時，若發現哪個功能沒有出現，或是畫面與你實際操作有些差異，那麼也不用太訝異，因為Adobe更新了軟體，你可以隨時至官網查看軟體是否有更新，並下載最新的版本。Photoshop CC提供了免費的試用版本，可以免費試用七天，若有需要時，可以至Adobe網站查看相關資訊(https://www.adobe.com/tw/products/photoshop.html)。

商標聲明

書中引用的軟體與作業系統的版權標列如下：

- 書中所引用的商標或商品名稱之版權分屬各該公司所有。
- 書中所引用的網站畫面之版權分屬各該公司、團體或個人所有。
- 書中所引用之圖形，其版權分屬各該公司所有。
- 書中所使用的商標名稱，因為編輯原因，沒有特別加上註冊商標符號，並沒有任何冒犯商標的意圖，在此聲明尊重該商標擁有者的所有權利。

CHAPTER01 數位影像基本概念

CHAPTER02 Photoshop基本操作

CHAPTER03　數位影像基本編修

CHAPTER04　數位影像色彩調整

CHAPTER05　數位影像去背與變形處理

CHAPTER06 數位影像的修復與潤飾

CHAPTER07 圖層的應用

CHAPTER08 路徑與向量形狀的繪製

CHAPTER09 文字使用技巧

CHAPTER10 濾鏡特效

CHAPTER11　創意設計實例應用

CHAPTER12　使用AI工具生成圖片

CHAPTER13 線上設計工具

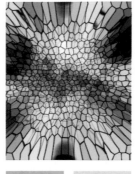

C H A P T E R 0 1

數位影像基本概念

HEALTHY VEGETARIAN

在每一口素食的背後,是一份對健康的投資,也是對環境的愛護。讓我們一起享受蔬食的美味,為我們的未來和子孫後代燃起希望之燭。

1-1 影像數位化流程

在早期，都是以傳統相機及底片來拍攝相片，再到沖印店沖洗底片，最後才能看到所拍攝的相片。在這樣的過程中是無法對相片進行編輯、美化或修改的，甚至要將相片上傳到網路上都非常麻煩。

影像數位化是將影像轉換為以「0」與「1」的數位格式所組成的資料。其轉換原理是先對影像進行「取樣」，記錄影像中每一點的顏色、位置等資訊，再將這些資訊轉換成電腦可接受的數位訊號。以下介紹幾種常見的數位化影像的方法。

使用掃描器建立影像

我們可以將平面的照片、底片、報章雜誌內容等，透過掃描器將影像輸入至電腦中，成為一個數位化影像。

使用數位相機建立影像

數位相機目前已經非常普遍，它的用法就如同傳統相機般簡單，它的最大優勢在於可直接將拍攝的相片以數位化格式直接傳輸到電腦中，方便進行後續的影像編輯或儲存等動作。

📷 使用手機建立影像

　　現在市面上的手機大部分都有內建相機功能，方便我們隨時隨地拍照，並傳輸到電腦中，進行影像的編輯。

📷 使用影像處理軟體創作影像

　　除了利用數位相機、手機及掃描器建立數位化影像之外，也可以直接利用影像處理軟體創作影像內容。而在使用影像處理軟體編輯影像時，則是針對圖檔中的每個元素進行算術或邏輯運算，來改變影像的外觀。常見的影像處理軟體有：Photoshop、PhotoImpact、GIMP、Photopea 等。

　　除此之外，隨著網紅及 YouTuber 的興起，拍照與影像處理類的 App 也跟著熱門起來，例如：Snapseed、Foodie、美圖秀秀、SNOW 等，使用這些 App 也能創作影像。

📷 用 AI 工具生成圖片

在數位時代，人們對於圖片的需求越來越多元化和迫切，無論是在設計、娛樂、還是商業領域，都需要大量高品質的圖片。傳統的圖片製作方式通常需要大量的時間、人力和專業技能，然而，隨著人工智慧(AI)技術的發展，利用 AI 工具生成圖片已成為一種新途徑，它為圖片帶來了更多的創造性及可能性，並且可以滿足使用者在各個領域的多樣化需求。

在網路上有許多免費或付費的圖片生成網站，例如：Midjourney、Leonardo.Ai、DreamStudio、Freepik AI Image Generator、Microsoft Copilot、Designer 影像建立工具、DALL-E 3、Stable Diffusion、Fotor、Craiyon、Disco Diffusion、PhotoRoom、Lexica、MyEdit 等，使用這些網站便可快速地生成出想要的圖片。

例如：進入 MyEdit 網站，使用 AI 繪圖生成器功能，只要輸入一些文字來描述要生成的圖片，即可生成出四張不同的圖片。

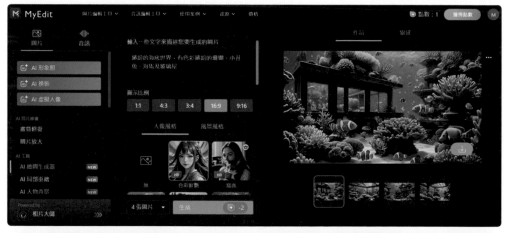

MyEdit 網站 (https://myedit.online/tw/photo-editor/ai-image-generator)

1-2 數位影像類型

依據數位影像的成像構成不同，又可區分為「**點陣圖**」及「**向量圖**」兩種不同的影像格式，分別說明如下。

📷 點陣圖

點陣圖 (Bitmap Image) 是以像素來記錄影像，**像素** (Picture Element，簡稱 Pixel) 是指影像的最小完整採樣，而點陣圖就是以矩陣的方式來儲存每個像素。此種格式的圖片，放大後會產生鋸齒狀，圖片也就會失真。而利用數位相機拍攝的圖片和掃描器掃描到電腦中的圖片，都屬於點陣圖。

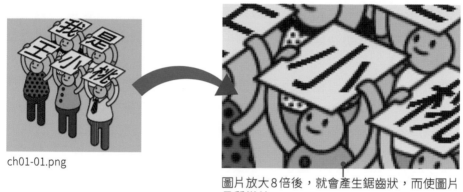

ch01-01.png

圖片放大 8 倍後，就會產生鋸齒狀，而使圖片品質變差

下表所列為常見的點陣圖格式說明。

格式	說明	是否壓縮
jpg	可以表現**全彩**，使用 **24 位元**儲存色彩資訊，為網頁常用的檔案格式。	破壞性壓縮
gif	可製作動畫及背景透明的影像，支援 256 色，為網頁常用的檔案格式。	非破壞性壓縮
png	使用 **8 位元**和 **24 位元**儲存色彩資訊，支援背景透明的影像，為網頁常用的檔案格式。	非破壞性壓縮
tif	是排版印刷最常使用的圖檔格式之一，支援各種色彩模式，而且影像的品質良好。因此，此種圖檔大部分皆用於印刷之用。	
bmp	是 Windows 中標準的點陣圖，在儲存之後可以完整保留圖形中的所有色彩。	無

◎知識補充：影像壓縮

影像的壓縮方式可分為「**非破壞性壓縮**」與「**破壞性壓縮**」兩種類型，說明如下：

- **非破壞性壓縮**：是指資料經壓縮後不會失真，能完整恢復壓縮前的原貌，可確保影像資料的完整性及正確性。
- **破壞性壓縮**：是允許影像些微失真，以提高影像資料的壓縮率。此法會捨棄對人類肉眼較不敏感的像素，所以還原後的影像資料會和原始影像有少許差異。

📷 向量圖

向量圖(Vector Image)是以**點**、**線**、**面**，以及點線面之間的屬性為基本架構；而這些屬性決定了畫面上所有點、線、面的相關位置。例如：要記錄矩形、三角形、圓形等影像，可以將其端點座標、長度、寬度、顏色、半徑等屬性資訊儲存起來，然後於顯示時再依據這些屬性資訊繪出影像的內容。

由於向量圖在存檔格式上可以完整保留各個點線面的相關屬性，因此改變顏色、大小、旋轉、移動等動作時，點跟點的距離會以數學方式重新計算，保持原本的面貌和清晰度，因此不會有鋸齒狀或是影像品質的問題發生。

ch01-02.ai

向量圖不管如何縮放，都不會影響影像的品質

下表所列為常見的向量圖格式說明。

格式	說明
eps	是利用 PostScript 列印語言描繪影像，為印刷廠或輸出中心的標準印刷輸出用的圖檔格式。
wmf	是微軟所制訂的中繼檔案格式，可轉存為點陣和向量的影像。
ai	是 Adobe Illustrator 軟體所使用的圖檔格式。
cdr	是 CorelDRAW 軟體所使用的圖檔格式。
svg	是可縮放向量圖形，以形狀、路徑、文字和濾鏡效果描繪影像的向量格式。

1-3 影像色彩模式

影像色彩模式是指色彩成色的方式。依照影像的用途,所適用的色彩模式也不一樣,常見的色彩模式有 RGB、CMYK、HSB、Lab 等,說明如下。

📷 RGB

RGB 是以光的三原色:**紅色**(Red)、**綠色**(Green)、**藍色**(Blue)三種色光各以 0~255 之間等不同的比例相加,來表示各種顏色,又稱為「**加色法**」。若將紅、綠、藍三原色光相加,會成為白色光。主要應用於電視或電腦螢幕等發光媒體。

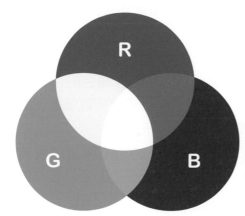

RGB 值			顏色
R	G	B	
0	0	0	黑
255	255	255	白
255	0	0	紅
0	255	0	綠
0	0	255	藍
128	128	128	灰

📷 CMYK

CMYK 模式會為每個像素指派每個印刷油墨的百分比數值,是彩色印刷或列印所採用的模式,透過**青色**(Cyan)、**洋紅色**(Magenta)、**黃色**(Yellow)及**黑色**(blac**K**)四色混合迭加後,來形成各種色彩,各以 0~100 的數值來表示。

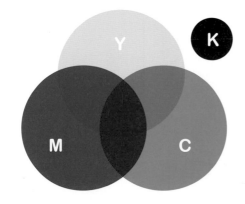

CMYK 值				顏色
C	M	Y	K	
100	100	100	100	黑
0	0	0	0	白
0	100	0	0	洋紅
0	0	100	0	黃
100	0	0	0	青
0	100	100	0	紅

CMYK 與 RGB 模式不同的是，由於油墨顏色是越加越深，因此又稱為「**減色法**」。CMYK(0,0,0,0) 會呈現白色；而 CMYK(100,100,100,100) 則為黑色。

理論上來說，當青色、洋紅、黃色混合時，就會吸收所有顏色，而形成黑色，但由於印刷油墨都會含有一些雜質，所以混合出來的顏色並不是純黑色，而是深咖啡色，因此必須再加上黑色才能形成真正的黑色，將這些油墨混合時，形成的色彩則稱為「**四色分色印刷**」。而黑色用「K」來示，是為了避免和藍色混淆。

📷 HSB

HSB 又稱 HSV 模式，是一種基於人眼對色彩的視覺感知來定義的色彩模式。此模式中的所有顏色是以**色相**(Hue)、**飽和度**(Saturation)、**明度**(Brightness) 三個特性來描述。

▢ **色相**：是色彩的基本屬性，也就是顏色的外貌，我們平常所說的紅、黃、綠、藍等顏色，是屬於「**有彩色**」；而黑、白、灰等無顏色的色彩，屬於「**無彩色**」。色相值是依照色相環的位置，以 **0~360 度**的數值來表示。例如：0 度或 360 度表示紅色；60 度為黃色；120 度為綠色。

▢ **飽和度**：又稱為「**彩度**」，是指顏色的純度，以 0~100% 的數值來表示，**數值越高表示色彩越純，顏色的濃度越高**，例如：正紅色的色彩飽和度比粉紅色高。

▢ **明度**：又稱為「**亮度**」，是指顏色的相對明暗程度，以 0~100% 的數值來表示，**數值越高表示色彩越明亮**。

目前常用的影像處理軟體中，都會提供 HSB 模式的檢色器，讓使用者可以最直覺的方式，直接在檢色器和調整桿中選擇想要使用的顏色。

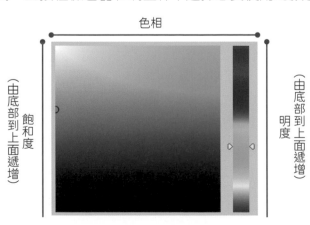

色相

（由底部到上面遞增）飽和度

（由底部到上面遞增）明度

📷 Lab 色彩模式

Lab色彩模式是依據人類看到的顏色為準，Lab中的數值描述了人類用正常視力能看到的所有顏色。Lab是由一個**明度**(Luminance)、a (綠色-紅色)及b (藍色-黃色) 兩個彩度變數所組成的。

Lab模式是目前色彩模式中，能描述出最多彩色的模式。明度的表示方法從0% (黑色)到100% (白色)的百分比，a及b的範圍為-127至+128。

1-4 影像位元深度

位元深度(Bit Depth)又稱為**色彩深度**或**像素深度**，是指儲存每一像素的顏色所使用的位元數目。位元深度越高，表示所使用的位元數越高，所能表示的顏色也就越多。因此，位元深度會直接影響到圖片的顯示品質與檔案大小。下表所列為各種不同位元深度的說明。

類型	1個像素占的bit數	能表現的色彩數	範例圖片
黑白	1	2 (黑、白)	
灰階	8	$2^8=256$	
16色	4	$2^4=16$	
256色	8	$2^8=256$	
全彩	24	$2^{24}=16,777,216$	

自 我 評 量

選擇題

( ) 1. 下列關於數位影像的敘述，何者<u>不正確</u>？ (A) 以「像素」來記錄影像的圖片檔屬於點陣圖　(B) 以圖片的「點線面」屬性來記錄影像的圖片檔屬於向量圖　(C) TIF圖檔屬於點陣圖　(D) GIF圖檔格式屬於向量圖。

( ) 2. 下列哪一種圖檔格式，支援動畫、設定背景透明等效果？ (A) GIF　(B) JPG　(C) BMP　(D) TIF。

( ) 3. 下列關於圖檔格式的敘述，何者<u>不正確</u>？ (A) BMP檔案採用失真壓縮技術　(B) JPG格式支援全彩　(C) TIF格式是印刷常用的圖檔格式　(D) GIF格式只能支援256色。

( ) 4. 下列何者<u>不是</u>常見的影像色彩模式？ (A) RGB　(B) PAL　(C) CMYK　(D) HSB。

( ) 5. 下列關於影像色彩模式的敘述，何者正確？ (A) RGB模式是以油墨相加的比例來表示色彩　(B) CMYK模式是以色光混合的方式表示色彩　(C) 色相是以0~360度的數值表示　(D) 全彩圖片可以表示 2^{16} 種色彩。

( ) 6. CMYK模式中，其中K代表？ (A) 青　(B) 洋紅　(C) 黃　(D) 黑。

( ) 7. 當RGB等於「R：255，G：255，B：255」時，會呈現什麼顏色？ (A) 紅色　(B) 黑色　(C) 白色　(D) 藍色。

( ) 8. HSB模式中的B表示「明度」，而「明度」指的是色彩明暗程度，通常以0%代表什麼色彩？ (A) 紅色　(B) 黑色　(C) 白色　(D) 藍色。

( ) 9. 灰階影像的一個像素是使用多少bits來描述色彩？ (A) 4　(B) 6　(C) 8　(D) 10。

( ) 10. 電腦的全彩圖片用多少個位元儲存一個像素？ (A) 24　(B) 3　(C) 8　(D) 256。

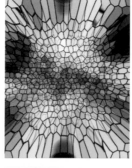

C H A P T E R 0 2

Photoshop基本操作

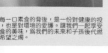

HEALTHY VEGETARIAN

在每一口素食的背後，是一份對健康的投
資，也是對環境的愛護。讓我們一起享受
素食的美味，為我們的未來和子孫後代燃
點希望之馬。

2-1 熟悉 Photoshop 工作環境

開始使用 Photoshop 之前,先來熟悉一下 Photoshop 的工作環境吧!

📷 Photoshop 的首頁畫面

啟動 Photoshop 之後,會先進入「**首頁**」畫面中,在首頁畫面會顯示教學課程及最近使用過的檔案等資訊。

若對學習課程有興趣的話,可以點選「**學習**」選項,在此頁面中提供了許多教學課程,直接點選要閱讀的課程即可學習到相關資訊。

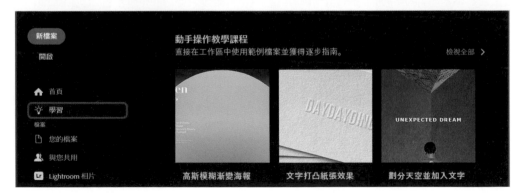

首頁畫面並非Photoshop編輯影像的操作環境，若要進入編輯工作環境時，可以按下畫面左邊的「**新檔案**」或「**開啟**」按鈕。

按下「**新檔案**」按鈕，可以建立一個新的影像；按下「**開啟**」按鈕，則可以開啟雲端上或是電腦中的檔案，接著就會進入編輯影像的操作環境中。

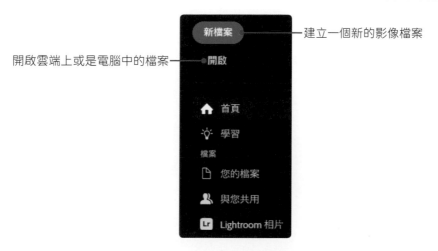

建立一個新的影像檔案

開啟雲端上或是電腦中的檔案

若想要一開啟Photoshop就直接進入工作環境，那麼可以執行「**編輯→偏好設定→一般**」指令，開啟「**偏好設定**」對話方塊，將「**自動顯示首頁畫面**」選項的**勾選取消**，設定好後按下「**確定**」按鈕，下次啟動Photoshop時，就會直接進入編輯工作環境中。

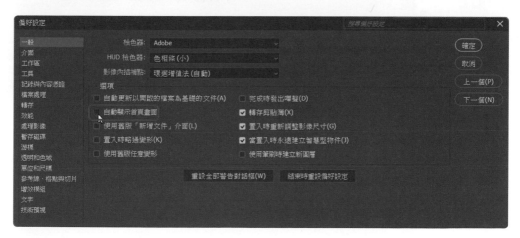

2-3

認識 Photoshop 工作環境

進入 Photoshop 編輯工作環境後，預設下會進入「**基本功能**」工作區配置模式中。

功能表列
包含了所有功能項目，可以從功能表列中點選要執行的功能

工具面板
提供了各種不同的工具，方便使用者在編輯影像時隨時取用

文件視窗
會顯示正在處理的檔案

影像資訊
目前開啟的影像資訊，影像在文件視窗中的顯示比例、影像尺寸及影像解析度

相關工作列
是一個浮動選單，提供工作流程中最相關的後續步驟

選項列
會依據所選擇的工具而
顯示不同的設定選項

工作區切換鈕
Photoshop 提供了不同工作區讓我們
可以依需求選擇要使用的工作區，不
同的工作區會呈現不同的工作環境

面板群組
Photoshop 將一些
工具做成面板，讓
使用者方便操作與
使用。在基本功能
工作區中會先開啟
顏色、色票、調
整、圖層、色板、
路徑等面板，當展
開面板時，面板會
以「面板群組」的
型式呈現；當收
合面板時，則會
以「圖示」呈現

 Photoshop 提供了四種版面配色，你可依需求選擇適當的配色，在預設下是採
用深灰色的配色，若要更改時，可以執行「編輯→偏好設定→介面」指令，開
啟「偏好設定」對話方塊，選擇要使用的版面配色。

認識工具面板

工具面板提供了各種不同的影像處理工具，方便使用者在編輯影像時隨時取用。在工具面板中的某些工具還隱藏了其他的工具，只要按下圖示右下角的小三角形，即可展開選單，選擇要使用的工具。

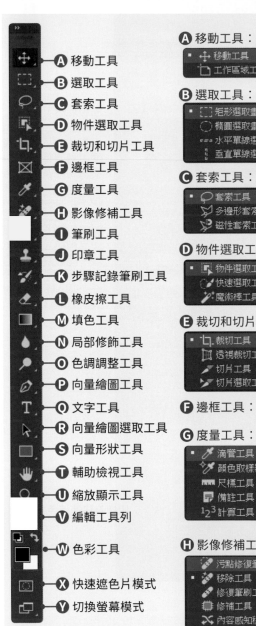

- **A** 移動工具
- **B** 選取工具
- **C** 套索工具
- **D** 物件選取工具
- **E** 裁切和切片工具
- **F** 邊框工具
- **G** 度量工具
- **H** 影像修補工具
- **I** 筆刷工具
- **J** 印章工具
- **K** 步驟記錄筆刷工具
- **L** 橡皮擦工具
- **M** 填色工具
- **N** 局部修飾工具
- **O** 色調調整工具
- **P** 向量繪圖工具
- **Q** 文字工具
- **R** 向量繪圖選取工具
- **S** 向量形狀工具
- **T** 輔助檢視工具
- **U** 縮放顯示工具
- **V** 編輯工具列
- **W** 色彩工具
- **X** 快速遮色片模式
- **Y** 切換螢幕模式

A 移動工具：可以移動圖層、選取範圍及參考線等

B 選取工具：可以選取矩形、橢圓形等選取範圍

C 套索工具：可以用手繪方式建立選取區

D 物件選取工具：自動偵測或依顏色相似程度建立選取區

E 裁切和切片工具：裁切影像及為網頁圖片製作切片

F 邊框工具：可以建立遮住影像的邊框

G 度量工具：取得顏色、角度、尺標等資訊

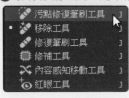

H 影像修補工具：用來修補影像

工具前有個「■」標記，表示此工具為作用中的工具。

在工具名稱後的英文字母，代表該工具的快速鍵，同一組工具會使用相同的快速鍵。例如：使用「水平文字工具」時，若想要切換到「垂直文字工具」，按下 Shift+T 鍵，若再次按下 T 鍵，則會切換到「垂直文字遮色片工具」。

Ⓘ 筆刷工具：可以設定各種繪圖筆刷

Ⓙ 印章工具：可以蓋印影像或圖案

Ⓚ 步驟記錄筆刷工具：會將選取狀態或快照的拷貝，繪製到目前的文件視窗中

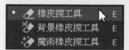

Ⓛ 橡皮擦工具：可以擦除影像

Ⓜ 填色工具：可以填入漸層、圖樣、純色等

Ⓝ 局部修飾工具：可以將影像進行模糊、銳利化等修飾

Ⓞ 色調調整工具：可以將影像進行加亮、加深及飽和度處理

Ⓟ 向量繪圖工具：可以製作及編輯向量圖形

Ⓠ 文字工具：可以製作文字物件

Ⓡ 向量繪圖選取工具：選取向量繪圖路徑

Ⓢ 向量形狀工具：繪製各種向量形狀

Ⓣ 輔助檢視工具：用來檢視影像

Ⓤ 縮放顯示工具：影像縮放
Ⓥ 編輯工具列：可以自訂工具列

Ⓦ 色彩工具：設定前景顏色及背景顏色

Ⓧ 快速遮色片模式：切換為快速遮色片模式
Ⓨ 切換螢幕模式：選擇要切換的螢幕模式

記不住所有工具的名稱沒關係，只要將滑鼠游標移至工具上，工具的名稱就會出現，且還會顯示使用方法的動態教學喔！

工具面板的調整

在預設下工具面板是固定在視窗的左側，若要將工具面板變成浮動面板時，只要將滑鼠游標移至「」手把圖示上，再按下**滑鼠左鍵**不放並拖曳滑鼠移動至其他位置上，即可將面板變成浮動狀態。

要將浮動面板恢復成固定面板時，只要將面板拖曳回視窗的左側，並貼齊視窗邊框，貼齊時會顯示藍色指示線，即可將面板固定。

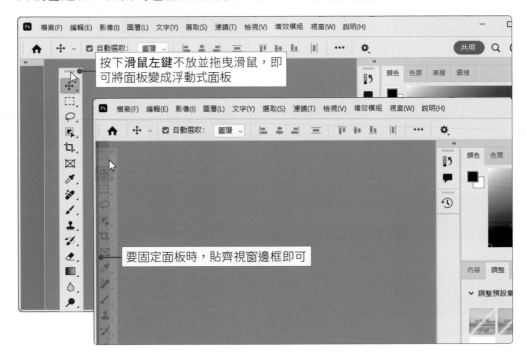

使用工具面板時，還可以將面板切換為雙欄模式。按下工具面板上的 ≫ 雙箭頭圖示，即可切換單欄或雙欄模式。

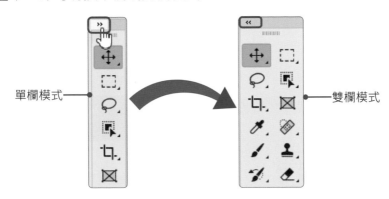

單欄模式 ⸺ 雙欄模式

📷 面板群組的使用

　　Photoshop提供許多的功能面板，而這些面板都會以「**面板群組**」的型式呈現在工作區中。要開啟其他面板時，可以執行「**視窗**」指令，選擇要開啟的面板。

　　在面板群組中會有標題列、面板標籤、面板選單鈕等元件，利用這些元件即可操作面板群組。

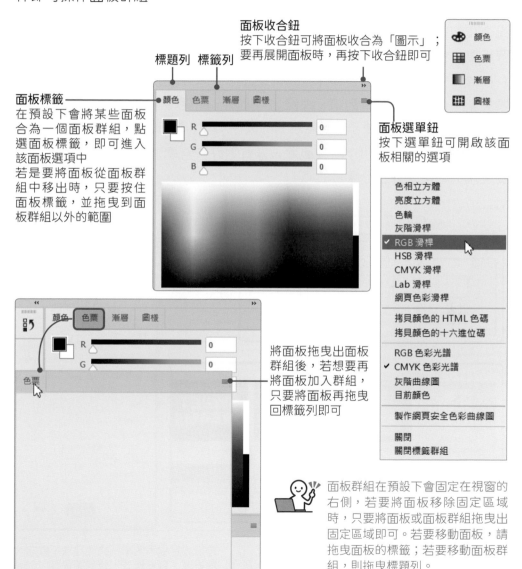

面板收合鈕
按下收合鈕可將面板收合為「圖示」；
要再展開面板時，再按下收合鈕即可

標題列　標籤列

面板標籤
在預設下會將某些面板合為一個面板群組，點選面板標籤，即可進入該面板選項中
若是要將面板從面板群組中移出時，只要按住面板標籤，並拖曳到面板群組以外的範圍

面板選單鈕
按下選單鈕可開啟該面板相關的選項

色相立方體
亮度立方體
色輪
灰階滑桿
✓ RGB 滑桿
HSB 滑桿
CMYK 滑桿
Lab 滑桿
網頁色彩滑桿

拷貝顏色的 HTML 色碼
拷貝顏色的十六進位碼

RGB 色彩光譜
✓ CMYK 色彩光譜
灰階曲線圖
目前顏色

製作網頁安全色彩曲線圖

關閉
關閉標籤群組

將面板拖曳出面群組後，若想要再將面板加入群組，只要將面板再拖曳回標籤列即可

面板群組在預設下會固定在視窗的右側，若要將面板移除固定區域時，只要將面板或面板群組拖曳出固定區域即可。若要移動面板，請拖曳面板的標籤；若要移動面板群組，則拖曳標題列。

2-2 影像的建立、開啟與關閉

了解 Photoshop 的工作環境後，接下來將學習影像的建立、開啟與關閉的操作技巧。

📷 建立新檔案

要在 Photoshop 中建立新檔案 (影像) 時，可以執行「**檔案→開新檔案**」指令 (Ctrl+N)，開啟「新增文件」對話方塊，即可設定檔案名稱、文件尺寸、解析度、色彩模式、背景顏色等。

除了可以自行設定文件外，還可以直接使用 Photoshop 提供的空白文件預設集，例如：相片、列印、線條圖和插圖、網頁、行動裝置及影片和視訊等，這些選項中都預設了一些常用到的文件尺寸，直接點選即可使用。

Photoshop 還提供了各種範本，若有剛好符合需求的，也可以直接點選要使用的範本來建立影像。

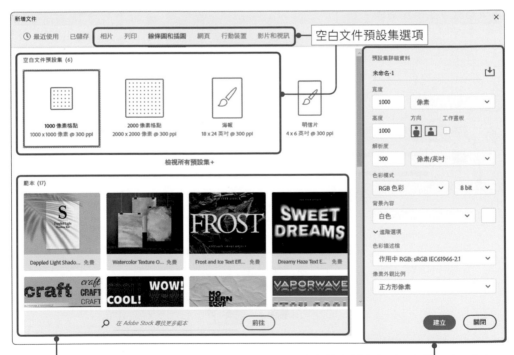

Photoshop 提供的範本

自行設定檔案名稱、文件尺寸、方向、解析度、色彩模式、背景顏色等

開啟現有的影像檔案

開啟現有的影像檔案時，執行「**檔案→開啟舊檔**」指令(Ctrl+O)，於「開啟」對話方塊中，選擇要開啟的影像檔，按下「**開啟**」按鈕，即可將檔案開啟。

選取要開啟的影像檔案時，若一次要開啟多個檔案，可以使用**Ctrl**或**Shift**鍵，選取多個影像。

除了使用「開啟舊檔」功能來開啟影像檔外，也可以直接將影像檔案拖曳至Photoshop視窗中。

關閉影像檔案

要關閉不用的影像檔案時，可以按下文件標籤上的「⊠ **關閉**」鈕(Ctrl+W)，關閉目前檢視的影像檔案。

 要將所有開啟的影像檔案一次全部關閉時，可以執行「檔案→全部關閉」指令(Alt+Ctrl+W)，關閉所有的檔案。

2-3 文件視窗的操作及檢視影像

在 Photoshop 中每個開啟的影像都有各自獨立的視窗，編輯時也都是以文件視窗為主，這節就來學習相關的文件視窗操作及檢視影像的技巧吧！

認識文件視窗

在每個文件視窗上都會顯示檔案名稱、顯示比例、色彩模式、位元深度等資訊。除此之外，在狀態列中可以看到目前作用中的影像檔案大小、尺寸等資訊，還可以調整影像的顯示比例。

檔案名稱　顯示比例　　　影像色彩模式及位元深度

IMG_6077.JPG @ 33.3% (RGB/8)

文件視窗固定在工作區時，此列稱為標籤；若是將文件視窗轉為浮動式時，則稱為標題列

文件大小
文件描述檔
✓ 文件尺寸
度量比率
暫存磁碟尺寸
效率
計時器
目前工具
32 位元曝光度
儲存進度
智慧型物件
圖層計數

按下檔案資訊區選單鈕，可以選擇檔案資訊區要顯示的資訊

33.33%　2048 像素 x 1365 像素 (72 ppi) >

這裡可以直接修改顯示比例　　檔案資訊區：會顯示檔案資訊，目前顯示為文件尺寸。用滑鼠按住檔案資訊區，會顯示檔案的寬度、高度、色彩模式及解析度等資訊

開啟影像檔案時，在預設下文件視窗會固定在工作區中，所以文件視窗的大小會隨著操作視窗而變動。若要將文件視窗更改為浮動式時，只要拖曳文件視窗的標籤，離開工作區邊框，即可變成浮動式的文件視窗。

排列多張文件視窗

同時開啟多個影像時，可以執行「**視窗→排列順序**」指令，選擇影像的排列方式，以方便檢視所有影像。

4個影像檔案同時顯示於螢幕上，且每個檔案皆各自有文件視窗

使用縮放顯示工具檢視影像

在**工具面板**中提供了 🔍 **縮放顯示工具**，可以放大或縮小影像。點選**縮放顯示工具**後，在**選項列**中即可選擇要 🔍 **放大**或是 🔍 **縮小影像**。

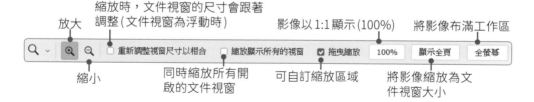

放大

縮放時，文件視窗的尺寸會跟著調整(文件視窗為浮動時)

影像以1:1顯示(100%)

將影像布滿工作區

縮小

同時縮放所有開啟的文件視窗

可自訂縮放區域

將影像縮放為文件視窗大小

選取 🔍 **縮放顯示工具**後，將滑鼠游標移至文件視窗中，按一下**滑鼠左鍵**，即可放大或縮小影像，每按一下就會縮放一個比例。

進行縮放時，也可以使用「**拖曳縮放**」方式來縮放影像顯示比例，只要在影像中按下**滑鼠左鍵**不放，再往左或往右拖曳，即可放大或縮小影像。除此之外，也可以將滑鼠游標移至影像上，再按著**滑鼠左鍵**一會兒，影像就會自動放大或縮小。

自訂縮放區域

檢視影像時，若只想將影像中的某一部分放大或縮小時，可以自行拖曳出要縮放的區域。先將**選項列**上的「**拖曳縮放**」勾選取消，再將滑鼠游標移至影像上，按下**滑鼠左鍵**不放，並拖曳出要放大的範圍，再放掉**滑鼠左鍵**即可。

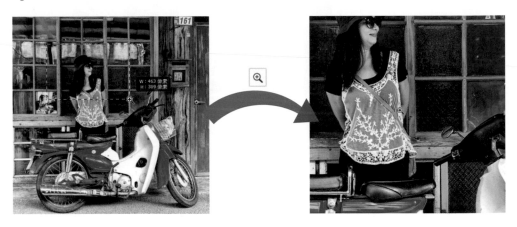

其他縮放方式

要將影像的顯示比例調整到特定比例時，可以在文件視窗狀態列上的**顯示比例欄位中**，直接輸入要縮放的顯示比例。

縮放影像時，最方便的方式大概就是快速鍵了，Photoshop 提供了許多縮放影像的快速鍵，如下表所列：

功能	快速鍵	功能	快速鍵
縮放顯示比例	Alt + 滑鼠滾輪	放大顯示比例	Ctrl+ +
顯示全頁	Ctrl+0（數字）	縮小顯示比例	Ctrl+ -
顯示 100%	Ctrl+Alt+0（數字）		

📷 使用手形工具檢視影像

　　將影像放大時，若要調整影像的檢視位置，可以使用 🖐.**手形工具**，來移動影像。按下**工具面板**上的 🖐.**手形工具**，再將滑鼠游標移至影像中，按著**滑鼠左鍵**不放，並拖曳滑鼠即可移動影像。

 要切換至 🖐.**手形工具**時，可以按著 **空白鍵** 不放，即可使用 🖐.**手形工具**。

📷 使用旋轉檢視工具檢視影像

　　使用 🔄.**旋轉檢視工具**可以任意旋轉影像的檢視角度。按住**工具面板**中的 🖐.**手形工具**，於選單中點選 🔄.**旋轉檢視工具**，在**選項列**中可以直接輸入旋轉角度來旋轉影像，或是直接將滑鼠游標移至影像中直接旋轉影像。

可以直接輸入旋轉
角度來旋轉影像

要恢復正常檢視角
度時，按下「**重設
檢視**」按鈕

在影像中拖曳時，
會出現指南針，供
我們判斷旋轉的方
向及角度

2-4 尺標、格點與參考線

Photoshop提供了尺標、格點與參考線等輔助工具,協助影像的處理工作,接下來就看看該如何使用這些輔助工具。

📷 尺標

在預設下是不會開啟尺標的,若要開啟時,可以執行「**檢視→尺標**」指令(Ctrl+R),在文件視窗的上方及左側就會出現尺標,當移動滑鼠時,尺標上就會有虛線同步移動,指出滑鼠游標目前所在的位置。

要修改尺標刻度的單位時,可以在尺標上按下**滑鼠右鍵**,即可選擇要使用的單位,這裡有7種單位可以選擇。

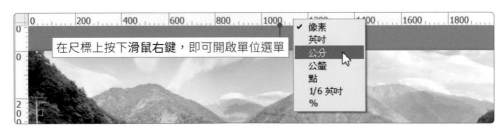

格點

使用「**格點**」輔助工具，可以在移動圖層或文字時更加精確。要開啟格點時，執行「**檢視→顯示→格點**」指令(Ctrl+')，在文件視窗中便會看到格點。

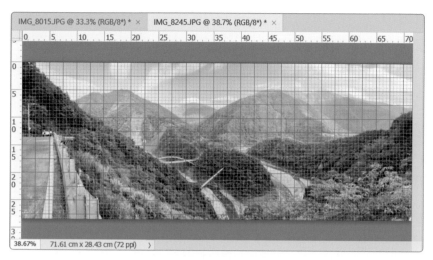

 要取消格點時，只要再執行「檢視→顯示→格點」指令(Ctrl+')即可。

參考線

參考線與格點的功能一樣，不過，參考線最大的好處就是可以依需求自行建立在想要設定的位置上，還可以鎖定參考線，以防不小心被移動。

新增參考線時，只要將滑鼠游標移到尺標上，按著**滑鼠左鍵**不放，再拖曳滑鼠，拉出參考線，拖曳時還會顯示目前位置的數值。

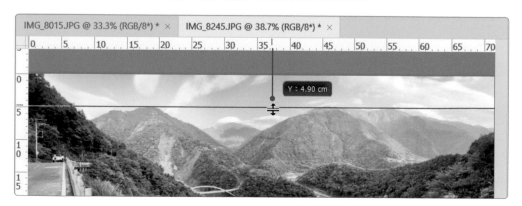

調整及清除參考線

調整參考線時，按下**工具面板**上的 ⊕ **移動工具**，或按住 **Ctrl** 鍵不放，再將滑鼠游標移至參考線上，滑鼠游標變成「‡」時，即可拖曳參考線的位置。若要清除參考線時，可以執行「**檢視→清除參考線**」指令，或將參考線拖曳回尺標上。

鎖定參考線

若想要固定參考線不被移動時，可以執行「**檢視→鎖定參考線**」指令 (Alt+Ctrl+;)，將參考線鎖定。

貼齊參考線

當參考線設定完成後，執行「**檢視→靠齊至→參考線**」指令，這樣在移動文件視窗中的物件時，當移動位置接近參考線，就會自動貼齊參考線。

當移動位置接近參考線時，會自動貼齊參考線

在使用時若沒有自動貼齊，請檢查「**檢視→靠齊**」功能是否有啟動，然後再到「**檢視→顯示→靠齊至**」功能中，勾選靠齊的目標。

智慧型參考線

智慧型參考線與參考線的不同在於，當使用 ⊕ **移動工具**搬移物件時，就會自動標示物件間的對齊基準線，可以知道物件是否有對齊中心點或邊緣。要啟動智慧型參考線時，執行「**檢視→顯示→智慧型參考線**」指令。

2-5 還原影像

影像進行編修時，難免會有編修失誤的時候，此時只要將錯誤的步驟還原，就可以繼續編修的動作。還原步驟在進行編修影像時，也算是一項重要的指令，所以，這節就來學習還原及步驟記錄面板的操作方法。

還原與重做

編修影像時，若要還原上一個步驟的操作，可以執行「**編輯→還原**」指令 (Ctrl+Z)，取消上一個操作步驟。若取消後又反悔時，可以執行「**編輯→重做**」指令 (Shift+Ctrl+Z)，將先前的操作步驟再重做一次。

按下 **Ctrl+Z**，即可還原為原影像

按下 **Shift+Ctrl+Z**，重做剛剛執行的指令

步驟記錄面板

將影像進行編修時的每一個動作都會記錄在**步驟記錄面板**中，透過記錄面板可以知道進行了哪些指令，還可以將步驟回復到之前的狀態。要開啟步驟記錄面板時，可執行「**視窗→步驟記錄**」指令。

快照區
是指某步驟記錄時的影像狀態，影像開啟時會先拍攝一張快照，利用此照可以將影像還原到開啟時的狀態

步驟記錄區
這裡會按照先後順序，記錄所做的各種可還原的操作，預設下可保存 **50 筆**記錄

當影像關閉後，步驟記錄也會從面板中被清除。

步驟記錄狀態滑桿
指出影像目前正處於哪一筆步驟記錄中

還原多步操作

使用**步驟記錄面板**可以還原及重做之前的操作,且一次可以還原多步操作,只要在**步驟記錄面板**中點選要還原或重做的步驟記錄即可。

1 點選要還原的步驟記錄,影像便會還原到此步驟記錄的狀態,被還原的步驟記錄就會成灰色狀態

2 在灰色狀態的步驟記錄上按一下,便會重做該步驟

 還原操作步驟時,也可以執行「編輯」功能中的「重做」(Shift+Ctrl+Z) 或「切換最後狀態」(Alt+Ctrl+Z) 指令,移至下一個或前一個狀態。

還原到影像最初狀態

當影像開啟時,**步驟記錄面板**第一個保存的就是**開啟**狀態,所以要將影像還原到最初狀態時,只要在**步驟記錄面板**中,按下**開啟**這個步驟記錄即可。

刪除一個或多個步驟記錄

刪除步驟記錄時,點選要刪除的步驟記錄,再按下**步驟記錄面板**選單鈕,於選單中選擇「刪除」,或是按下 🗑 **刪除**按鈕,即可將選取的步驟記錄和後面所有的步驟記錄皆刪除。

點選要刪除的步驟記錄,再按下 🗑 **刪除**按鈕即可

從步驟記錄面板中刪除所有步驟記錄

建立影像的快照

使用「**快照**」可以將某個工作階段的影像狀態儲存起來,像是建立一個還原點,做為比較各種效果或回復操作之用。要建立快照時,點選要保存的步驟記錄,再按下 📷 **建立新增快照**按鈕,即可建立快照。

❶ 點選要建立快照的步驟記錄

❷ 按下此鈕

❸ 建立了快照,雙擊快照名稱即可替快照重新命名

快照建立好後,只要點選快照名稱,即可恢復到該還原點。若要刪除快照,在快照名稱上按下**滑鼠右鍵**,於選單中執行「**刪除**」指令,或直接將快照拖曳到 🗑 **刪除**按鈕上。

從快照或步驟記錄建立新文件

將快照或步驟記錄的狀態儲存起來,以便在日後的編輯工作階段中使用時,可以將快照或步驟記錄建立一個新文件,再將新文件存檔,這樣就可以將某工作階段的狀態保存下來。

在**步驟記錄面板**中選取快照或步驟記錄,再按下 ➕ **從目前狀態中建立新增文件**按鈕,就可以建立新文件,而新文件的步驟記錄面板就會重新記錄。

❶ 點選要建立新文件的步驟記錄

❷ 按下此鈕

❸ 建立了新文件

2-6 儲存檔案

Photoshop 可以儲存的格式非常多，例如：JPG、TIF、EPS、PNG、BMP 等影像格式，而 Photoshop 的原生檔案格式為 PSD。接著，這節就來學習如何儲存檔案。

儲存為原生檔案格式

影像編修完成後，若日後還要針對圖層、文字、色版、路徑等進行修改時，那麼就要將檔案儲存為「PSD」格式。

檔案建立好後，執行「**檔案→儲存檔案**」指令 (Ctrl+S)，會先詢問要將檔案儲存在雲端或是電腦中，這裡可依需求選擇，若檔案要存在電腦中，可以按下「**您的電腦上**」按鈕，開啟「另存新檔」對話方塊，按下「**存檔類型**」選單鈕，選擇「**Photoshop (*.PSD;*.PDD;*.PSDT)**」，即可將檔案儲存為 PSD 格式。

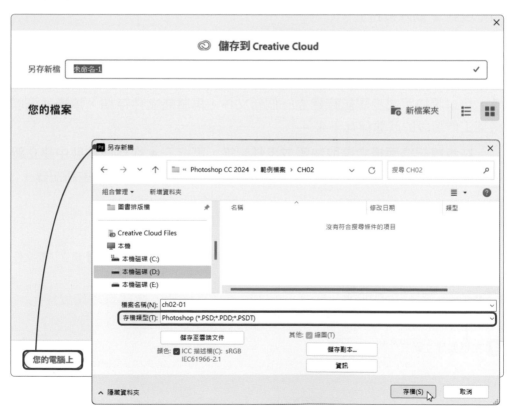

儲存檔案與另存新檔

要將檔案直接以原來的檔名、儲存位置、格式等儲存時，可以執行「**檔案→儲存檔案**」指令 (Ctrl+S)，覆蓋原檔案。

若不想覆蓋原檔案時，則執行「**檔案→另存新檔**」指令 (Shift+Ctrl+S)，開啟「另存新檔」對話方塊，設定儲存位置、檔名、檔案格式等。

儲存副本

若要將檔案儲存為 JPG、TIF、EPS、PNG、BMP 等影像格式並設定儲存選項時，可以執行「**檔案→儲存副本**」指令 (Alt+Ctrl+S)，開啟「儲存拷貝」對話方塊，Photoshop 會自動在原檔名後加入「拷貝」文字，接著便可設定儲存位置、檔名、檔案格式及儲存選項等。

進行儲存時，在「儲存拷貝」對話方塊中，有一些儲存選項可以設定，說明如下：

選項	說明
備註	將使用備註工具建立的附註與影像儲存在一起。
Alpha 色版	將 Alpha 色版資訊與影像儲存在一起。

選項	說明
特別色	將特別色色版資訊與影像儲存在一起。若此選項已關閉或無法使用,則儲存時,會移除特別色。
圖層	保留影像中的所有圖層。若此選項已關閉或無法使用,則所有可見的圖層都會被平面化或合併。
使用校樣設定和ICC描述檔	建立管理色彩的文件。
縮圖	儲存檔案的縮圖資料。

當按下「**存檔**」按鈕後,有些檔案格式會有些選項要設定,例如:儲存為 JPEG 格式時,可以設定影像品質、壓縮方式;儲存為 TIFF 格式時,可以設定壓縮方式、是否儲存透明等。

在影像選項中可以指定影像品質。若設定品質時可以直接拖曳「品質」滑桿,或是在「品質」文字方塊中輸入介於 0 到 12 之間的數值,數值越大代表品質越好

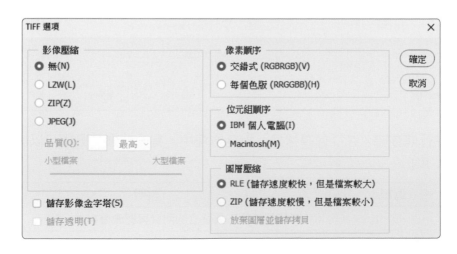

◎知識補充：偏好設定

使用Photoshop時，若想要依照自己的習慣進行各項操作時，可以先至「**偏好設定**」視窗中，進行一些設定，例如：介面、工作區、工具、步驟記錄、檔案選項、效能等，這些設定可以讓我們在使用Photoshop時更得心應手。

在「**檔案處理**」選項中，可以先設定好影像預視方式、副檔名大小寫方式等。

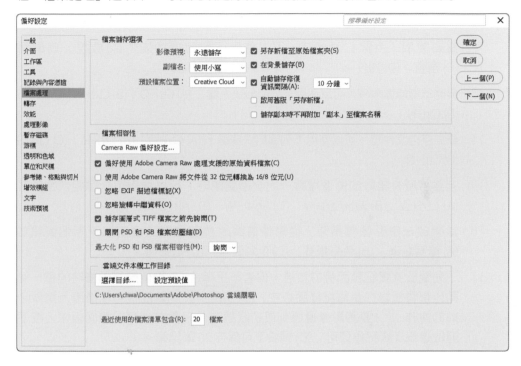

● 在「**單位和尺標**」選項中，可以設定尺標的單位、文件的列印解析度及螢幕解析度等。

自我評量

選擇題

(　　)1. Photoshop啟動時，在預設下會進入哪種工作區模式中？ (A)基本功能 (B)圖形和網頁　(C)繪畫　(D)攝影。

(　　)2. 當要開啟「色票」面板時，可以使用下列何項功能？ (A)檢視　(B)編輯 (C)視窗　(D)物件。

(　　)3. 要開啟影像檔案時，可以使用下列哪組快速鍵？ (A) Ctrl+O　(B) Ctrl+R　(C) Ctrl+S (D) Ctrl+N。

(　　)4. 建立空白文件時，可以使用下列哪組快速鍵？ (A) Ctrl+O　(B) Ctrl+R　(C) Ctrl+S (D) Ctrl+N。

(　　)5. 若要將所有開啟的影像檔案一次全部關閉時，可以使用下列哪組快速鍵？ (A) Ctrl+W　(B) Alt+Ctrl+W　(C) Shift+W　(D) Alt+Shift+W。

(　　)6. 當開啟一個影像檔案時，從影像檔案的視窗上無法看到以下哪個資訊？ (A) 檔案名稱　(B) 色彩模式　(C) 色彩深度　(D) 攝影者。

(　　)7. 下列關於步驟記錄面板的敘述，何者不正確？ (A) 影像進行編修時的每一個動作都會記錄在步驟記錄面板中　(B) 使用步驟記錄面板可以還原及重做之前的操作　(C) 要將影像還原到最初狀態時，只要在步驟記錄面板中，按下開啟這個步驟記錄即可　(D) 預設下可保存20筆記錄。

(　　)8. 在 Photoshop 中，若要還原上一個操作步驟時，可以使用下列哪組快速鍵？ (A) Ctrl+Z　(B) Ctrl+R　(C) Ctrl+S　(D) Ctrl+N。

(　　)9. 要啟動尺標時，可以使用下列哪組快速鍵？ (A) Ctrl+O　(B) Ctrl+R　(C) Ctrl+S (D) Ctrl+N。

(　　)10. 要開啟格點時，可以使用下列哪組快速鍵？ (A) Ctrl+'　(B) Ctrl+;　(C) Ctrl+, (D) Ctrl+*。

(　　)11. 若想要鎖定文件視窗中的參考線時，可以使用下列哪組快速鍵？ (A) Alt+Ctrl+'　(B) Alt+Ctrl+;　(C) Alt+Ctrl+,　(D) Alt+Ctrl+*。

(　　)12. 下列哪個檔案格式為 Photoshop 的原生檔案格式？ (A) TIFF　(B) PNG　(C) PSD (D) PDF。

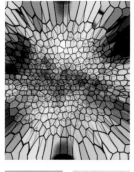

CHAPTER03

數位影像基本編修

HEALTHY VEGETARIAN

在每一口素食的背後，是一份對健康的投資，也是對環境的愛護。讓我們一起享受蔬食的美味，為我們的未來和子孫後代燃點希望之燭。

3-1 認識影像解析度與尺寸

這節將學習什麼是影像解析度與影像尺寸。

📷 影像解析度

解析度(Resolution)是衡量圖片品質的因素之一,表示單位面積中所包含的**像素數量**(pixels per inch, ppi)。影像中像素數量越多,表示解析度越高,影像品質也越佳。但相對地,因為使用了較多的像素來記錄影像資訊,它所佔用的記憶體容量也就越大。

解析度較低

解析度較高

影像的大小通常是以影像所包含的像素數量來表示,即一般所稱的**像素尺寸**,像素尺寸代表影像的像素數量,通常會以「**影像寬度的像素數 × 影像長度的像素數**」來表示,例如:寬1,800像素 × 高1,200像素;或是像素總數,例如:1,800 × 1,200 = 2,160,000像素。

1,800像素

1,200像素

數位相機的解析度規格，便是以所拍攝影像的像素點來計算。例如：數位相機所拍攝的照片為寬4,928像素、長3,696像素，則該數位相機解析度即為4,928×3,696＝約1,800萬像素。

解析度的單位

因為顯示器與印表機都是以**像素**為輸出單位，因此即便是向量圖檔，也會將所記錄的數學算式轉換為點陣格式，以便顯示或輸出。不同的影像處理設備，會有不同的解析度規格標示，說明如下：

☐ **顯示器解析度**：以像素尺寸來表示顯示器所能顯示的像素數量，通常以「寬 × 高」來表示，例如：1,920×1,080、1,600×900、1,024×768、800×600 等。當解析度越低，在顯示器中的影像就會越模糊；當解析度越高，在顯示器中的影像就會越清晰。

☐ **印表機解析度**：以**dpi** (dot per inch) 為單位，表示每英吋所包含的印刷點數。一般而言，每英吋點數越多，列印輸出的品質也就越高。在網頁上或一般用途列印使用的話，解析度的設定使用預設的「72 dpi」即可；如果是要進行高品質列印，或是印刷輸出，最好將解析度設定為「300 dpi」以上，輸出的影像品質才不致太差。

☐ **掃描器解析度**：以**ppi**為單位 (有些市售掃描器產品會以dpi來表示)，表示每英吋所包含的像素數量，用「水平解析度 × 垂直解析度」來表示，例如：9,600×9,600ppi 等。

影像的列印尺寸

影像可輸出的列印尺寸，由影像大小及解析度計算得知，當調整影像的解析度時，解析度越高，列印出來的尺寸便會越小。

影像大小
800×600

解析度：72ppi
列印尺寸
11.1英吋×8.3英吋

解析度：200ppi
列印尺寸
4英吋×3英吋

列印尺寸計算公式如下：

影像尺寸(吋)＝(影像寬度的像素數／解析度)×(影像長度的像素數／解析度)

例一	一張影像圖檔的大小為800×600像素，影像解析度為72ppi，則其列印尺寸為： (800÷72)×(600÷72) ＝ 11.1英吋×8.3英吋
例二	若以解析度100ppi列印一張4"×6"的照片，則該影像大小至少需要多少像素？ (4×100)×(6×100) ＝ 400×600像素

圖片檔案大小的計算

一個圖檔的檔案大小，可由影像大小及影像色彩深度計算得知。公式如下：

圖檔大小(bits)＝影像寬度的像素數 × 影像長度的像素數 × 影像色彩深度

例一	一張影像圖檔的大小為800×600的全彩(24 bits)圖片，在未經壓縮的情況下，其所佔的檔案大小為： 800×600×24 ＝ 11,520,000 bits ＝ 1,440,000 bytes

◉ 知識補充：沖洗照片時的尺寸

將拍攝好的照片拿去沖洗前，記得請先檢查尺寸是否符合相紙尺寸，一般常見的相片尺寸有3×5、4×6、5×7等規格。但目前許多的數位相機所拍攝出來的照片，大部分皆為寬螢幕16:10的比例及1.5:1的比例，而此比例並不符合相片尺寸，若直接拿去沖洗時，可能會造成照片被切頭切腳的情況。所以，建議讀者若要送洗前，先自行將照片裁切成相紙的比例。

文件尺寸(英吋)	像素尺寸(高×寬)	建議解析度
2×3	600×900	300dpi
3×5	1050×1500	300dpi
4×6	1200×1800	300dpi
5×7	1500×2100	300dpi
6×8	1800×2400	300dpi

3-2 調整影像尺寸與版面尺寸

這節將學習如何調整影像尺寸與版面尺寸。

📷 調整影像尺寸

調整影像尺寸時,執行「**影像→影像尺寸**」指令 (Alt+Ctrl+I),開啟「影像尺寸」對話方塊後,即可進行調整。

將 **⑧ 強制等比例**點選後,只要在「寬度」欄位中輸入要調整的尺寸,高度就會自動跟著調整。調整時可以選擇以像素 (Pixels) 或 %(百分比) 為單位

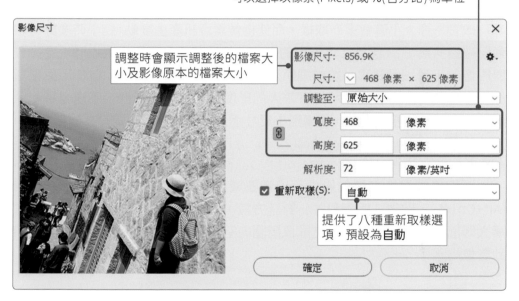

調整時會顯示調整後的檔案大小及影像原本的檔案大小

提供了八種重新取樣選項,預設為**自動**

Photoshop 提供了八種重新取樣選項,可以在調整像素尺寸時使用,這裡的選擇會影響影像的品質及運算所需的時間。

選項	說明
自動	會根據文件類型和文件是否縮放來選擇重新取樣方法。
保留細節 (放大)	調整影像時,可以減少雜訊。
保留細節 2.0	調整影像時,會保留影像的細節及銳利度。
環迴增值法 - 更平滑 (放大)	適合用於放大影像時。

選項	說明
環迴增值法 - 更銳利 (縮小)	適合用於縮小影像時，具有增強的銳利化效果，可以在重新取樣時，保留影像的細節。
環迴增值法 (平滑漸層)	運算速度較慢，但影像品質也較好，能產生更平滑的色調漸層。
最接近像素 (硬邊)	運算速度最快，但影像品質最低。
縱橫增值法	運算速度中等，影像品質也中等。

 影像重新取樣時，會運用內插補點法來運算增 / 減像素。當影像縮小時，減少影像像素，便會將部分影像像素刪除；當影像放大時，需增加相關像素，則會參考相近像素的顏色來新增額外的像素。

　　改變影像大小時會重新取樣，而使得像素資訊產生變動 (縮小時多餘的像素已經被捨棄了)。因此，處理過的影像，若要還原為原影像大小時，會失去原影像的平滑細緻效果，造成細節流失、銳利度降低。所以，在使用調整影像尺寸功能時，大多用於將檔案較大的影像縮為較小的影像，不建議將影像尺寸放大，若非要放大時，建議採小尺寸逐步慢慢放大，不要一次放到最大。

調整版面尺寸

　　版面尺寸是指完整的影像可編輯區域。執行「影像→版面尺寸」指令 (Alt+Ctrl+C)，開啟「版面尺寸」對話方塊，即可擴大或縮小版面的大小。當擴大版面尺寸時，會增加現有影像周圍的空間；縮小版面尺寸時，則會裁切到影像周圍。

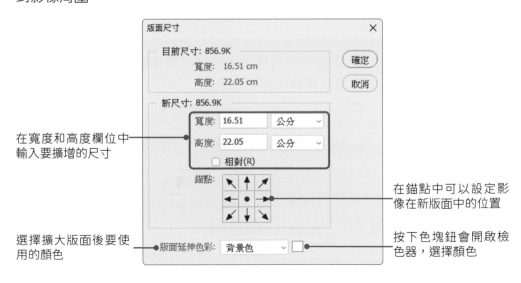

在寬度和高度欄位中輸入要擴增的尺寸

在錨點中可以設定影像在新版面中的位置

選擇擴大版面後要使用的顏色

按下色塊鈕會開啟檢色器，選擇顏色

ch03-01.jpg

從中心點擴大版面後，即可為影像加上白色
的邊框 (ch03-02.jpg)

　　調整版面尺寸時，利用「**錨點**」的設定，可以依需求選擇要在影像的
上、下、左、右等擴大版面。

 ch03-03.jpg

ch03-04.jpg

ch03-05.jpg

ch03-06.jpg

3-3 影像複製、旋轉與翻轉

Photoshop 可以輕鬆又快速地複製影像，還能將影像進行左右旋轉及上下翻轉，這節就來學習相關的技巧吧！

複製影像

編修影像前，若擔心影像編修破壞了原始檔案時，可以先將原影像複製一個一模一樣的副本，使用副本來編修，就不用擔心原影像被覆蓋掉了。

複製影像時，執行「**影像→複製**」指令，開啟「**複製影像**」對話方塊，輸入複製的檔案名稱，再按下「**確定**」按鈕，即可完成複製的動作。

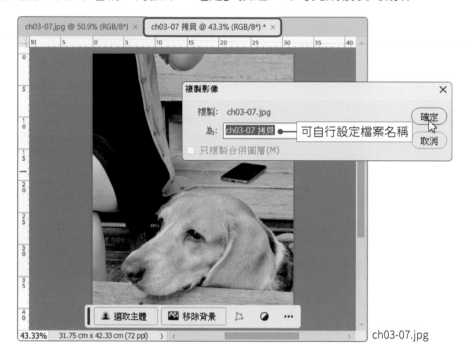

ch03-07.jpg

將影像順時針或逆時針旋轉

要將橫躺的影像轉正時，可以執行「**影像→影像旋轉**」指令，在選單中即可選擇要將橫躺的影像**順時針**或**逆時針旋轉90度**，若影像為上下顛倒時，那麼可以選擇**180度**，將影像轉正。

水平或垂直翻轉影像版面

在**影像旋轉**功能中還提供了**水平翻轉版面**與**垂直翻轉版面**指令,可以將影像進行左右及上下翻轉的動作。

水平翻轉版面(ch03-09.jpg)　　原影像(ch03-08.jpg)　　垂直翻轉版面(ch03-10.jpg)

任意旋轉影像

要自訂旋轉角度時，可以執行「**影像→影像旋轉→任意**」指令，開啟「旋轉版面」對話方塊，設定角度，可輸入的旋轉角度介於 -359.99 到 359.99，設定好後按下「**確定**」按鈕，影像就會依指定的角度旋轉。

直接輸入要旋轉
的角度

ch03-11.jpg

ch03-12.jpg

3-4 裁切影像

裁切是影像修補時的重要工具，它可以移除部分影像，或是用來建立焦點，加強影像構圖。Photoshop 提供了**裁切工具、透視裁切工具**及**裁切**指令，利用這些工具即可改善影像構圖的問題。

使用裁切工具裁切影像

使用裁切工具可以依需求自行裁切出想要的矩形範圍，也可以使用固定尺寸來裁切影像。

自由裁切

　　自由裁切可以在影像中任意拖曳出要裁切的範圍，按下**工具面板**上的 🔲 **裁切工具**，在影像中就會看到八個控點，拖曳控點即可調整出要裁切的範圍。

拖曳控點即可調整出要裁切的範圍

ch03-13.jpg

　　當調整裁切框範圍時，裁切框以外的區域會被半透明的顏色覆蓋，這是要被裁切掉的區域，調整好裁切範圍後，按下 Enter 鍵，完成裁切的動作。

ch03-14.jpg

進行裁切時，還可以選擇裁切框中的參考線類型。於**選項列**中按下 ⊞ 設定**裁切工具的覆蓋選項**選單鈕，即可選擇要使用的參考線。

固定比例裁切

Photoshop 提供了一些固定的裁切比例，點選要使用的裁切比例後，在設定裁剪範圍時，範圍就會以該比例拉出裁切範圍。

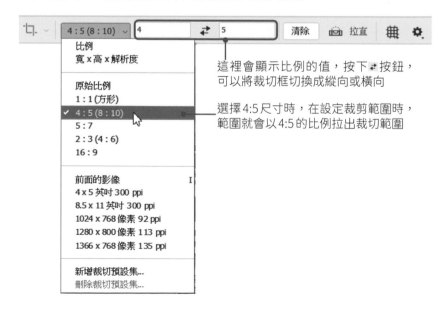

在影像上調整裁切框大小時，寬與高會固定為指定的比例，不管是調大或調小都是以該比例來調整

　　若選項中沒有適合的裁切比例或尺寸時，點選「**比例**」，便可自行設定要裁切的比例，點選「**寬 × 高 × 解析度**」則可以自行設定要裁切的尺寸。

要重新設定比例或尺寸時，按下「**清除**」按鈕，即可清除之前的設定

使用裁切工具拉直影像

　　使用裁切工具中的「**拉直**」指令，可以將歪斜的影像轉正並自動調整裁切範圍。按下**工具面板**上的 裁切工具，於**選項列**上按下 拉直按鈕，即可進行裁切的動作。

❶ 按下**拉直**按鈕

ch03-15.jpg

❷ 在影像找出應維持水平的平面，再按下滑鼠往平面的另一端拖曳，確定後放開滑鼠，完成水平線的設定

❸ Photoshop 自動轉正並拉出要裁切的範圍，此時只要按下 Enter 鍵，即可完成裁切與轉正的動作

ch03-16.jpg

📷 使用透視裁切工具修正變形影像

　　當從上、下、左、右等角度拍攝影像，而非正面拍攝時，影像中的物件就會發生變形的現象。例如：從下往上拍攝建築物時，建築就會變成底大頭小的梯形。此時就可以使用 🔲 **透視裁切工具**修正影像中的變形問題。

ch03-17.jpg

1 點選 🔲 **透視裁切工具**，在影像中拖曳出一個裁切框

 設定裁切範圍時，也可以先在影像的左上角上按下滑鼠左鍵，產生第一個點，接著再移動滑鼠至右上角，按下滑鼠左鍵，產生第二個點，依相同步驟，於右下角及左下角在要裁切的位置按下滑鼠左鍵，即可拖曳出裁切範圍。

2 調整裁切框的四個控點，讓範圍符合物件的邊緣，來減少透視角度

3 調整好後，按下Enter鍵，裁切範圍內的透視物件，就會被裁切成平面影像

ch03-18.jpg

3-5 使用透視彎曲功能矯正變形影像

要矯正因透視而變形的建築影像時，可以使用「**透視彎曲**」功能來修正，甚至改變建築的視角。

ch03-19.jpg

ch03-20.jpg

① 開啟影像檔案，執行「**編輯→透視彎曲**」指令，此時在影像上會出現操作說明，若不想閱讀可以按下 ✕ **關閉**按鈕。

操作說明

2 在影像中拖曳出一個範圍,此範圍代表一個面,接著調整四個控制點,調整時盡量讓四邊形的各邊緣與建築中的直線平行。

調整控制點,讓範圍與建築的透視面一致

3 第一個範圍設定好後,再拖曳出另一個範圍,並調整四個控制點,以貼齊建築的另一個面。調整時,若控制點很接近前一個範圍時,會自動吸附於邊緣,並貼合在一起。

控制點很接近前一個範圍時,會自動吸附於邊緣,並貼合在一起

④ 兩個面的範圍都設定好後，在**選項列**上按下「**彎曲**」按鈕，切換成彎曲形式來對物件進行變形。

⑤ 此時便可以拖曳圖釘來修正影像的透視效果，或是改變影像的拍攝角度。

拖曳圖釘修正影像的透視效果

若要讓建築不要傾斜、後倒，則往左及往上拖曳此控制點

⑥ 調整時，若要整個面一起調整，先按著 Shift 鍵不放，再去點選框線，此時框線會轉為黃色，接著再去調整其中一個圖釘，便可以整體調整。

按著 Shift 鍵不放，再去點選框線

將此控制點往右拖曳會使左邊建築平面變大，右邊的變小；往左拖曳則右邊的平面變大，左邊變小

⑦ 調整時，若覺得不滿意，可以按下**選項列**上的 ↺ **移動彎曲**按鈕，重新再
調整。

⑧ 調整完後，影像中會出現沒有像素的空隙，此時可以使用裁切工具進行影
像的裁切。

在透視彎曲功能中，提供了三種自動調整透視，若需要時可以直接在**選項列**上點選
使用。

ⅢⅠ 自動拉直幾乎垂直的線段　　Ⅲ 自動拉平幾乎水平的線段　　# 自動進行水平與垂直拉直

3-6 使用 Photomerge 接合全景照片

Photomerge 可以將數張照片合併成一個連續的影像,製作出全景照片,而我們只要指定要接合成全景的照片,Photomerge 就會自動複製圖層、自動對齊及混合圖層等工作,且接合的照片可以是水平或是垂直的。

要進行接合前,請先準備好要接合的所有照片,要接合的照片左右兩側都要有重疊的範圍(最好是占40%左右),這樣 Photomerge 才可以判斷該如何進行接合及排列影像,如果重疊部分不足,可能無法自動組成全景影像。

接著就實際來看看如何使用 Photomerge 來接合照片吧!

① 準備好要接合的照片 (不需要於 Photoshop 中開啟),這裡以「**全景照片**」資料夾中的照片為例。

② 執行「檔案→自動→Photomerge」指令,開啟「Photomerge」對話方塊,
於版面中點選**自動**,在來源檔案選項中按下**使用**選單鈕,選擇**檔案夾**,再
按下「瀏覽」按鈕,選擇存放接合照片的資料夾,選擇好後,便會列出該
資料夾內的所有照片,都設定好後按下「**確定**」按鈕。

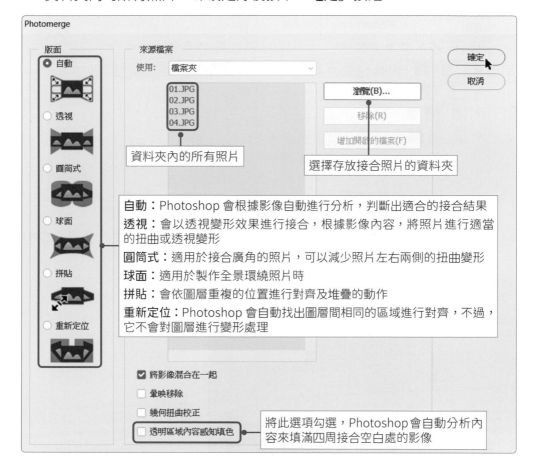

自動:Photoshop 會根據影像自動進行分析,判斷出適合的接合結果
透視:會以透視變形效果進行接合,根據影像內容,將照片進行適當
的扭曲或透視變形
圓筒式:適用於接合廣角的照片,可以減少照片左右兩側的扭曲變形
球面:適用於製作全景環繞照片時
拼貼:會依圖層重複的位置進行對齊及堆疊的動作
重新定位:Photoshop 會自動找出圖層間相同的區域進行對齊,不過,
它不會對圖層進行變形處理

將此選項勾選,Photoshop 會自動分析內
容來填滿四周接合空白處的影像

③ 會開始進行接合照片的動作,完成後會看到照片接合的結果。

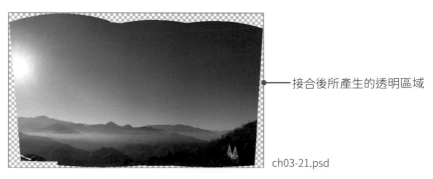

接合後所產生的透明區域

ch03-21.psd

④ 此時所有圖層都處於選取狀態，按下「圖層→影像平面化」指令，將所有圖層合併為背景圖層。

⑤ 接著利用 🔲 裁切工具，將接合的影像進行裁切的動作，完成全景合成的動作，最後記得將檔案儲存起來。

 在Photoshop中要合成多張照片時，建議照片的解析度及尺寸最好不要太大，因為在進行合成時可能會造成電腦記憶體不足的問題產生，此時可以先將照片的解析度及尺寸縮小，再進行合成的動作。而事實上，目前許多數位相機或是行動裝置都可以直接拍攝出全景相片了。

ch03-22.jpg

3-7 錄製動作

處理照片時，常常會有多張照片要進行相同的操作，例如：修改照片尺寸、加上陰影、加上邊框等，當遇到這樣的問題時，可以將這些操作先錄製成**動作**，當其他照片也要執行相同操作時，只要播放錄製好的動作，就可以套用相同的操作。

📷 內建的動作

Photoshop中有內建一些動作可以套用到檔案中，執行「**視窗→動作**」指令(Alt+F9)，開啟**動作面板**，即可看到Photoshop內建的動作，直接點選要使用的動作，再按下 ▶ **播放選取的動作**按鈕，檔案便會套用該動作所設定的所有指令。

執行內建的「木質邊框 -50 像素」動作後的結果

ch03-23.jpg

新增動作

　　除了內建的動作外，也可以自行錄製想要的動作，這裡就來新增一個旋轉及縮小影像尺寸的動作。

1 開啟 ch03-24.jpg 檔案，在**動作面板**上按一下 ⊞ **建立新增動作**按鈕，會開啟「新增動作」對話方塊。

這是 Photoshop 預設的動作組合，裡面有許多錄製好的動作

2 在對話方塊中輸入動作名稱，再於功能鍵中選擇要使用的快速鍵組合，設定好後按下「記錄」按鈕。

選擇要將動作放在哪個動作組合中

表示要將此動作的快速鍵設定為 Shift+F2

3 按下「記錄」按鈕後，便會開啟錄製接下來所執行的動作，而此時**動作面板**的 ● **開始記錄**按鈕會變成 ● 紅色，表示正在錄製動作。

④ 執行「**影像→影像旋轉→90度順時針**」指令,將影像轉正。

⑤ 執行「**影像→影像尺寸**」指令,將影像高度調整為**600像素**,調整好後按下「**確定**」按鈕,完成縮小影像的動作。

⑥ 到這裡要錄製的動作就完成了,接著在**動作面板**上按下 ■ **停止播放/記錄**按鈕,即可結束動作的錄製。

這是我們錄製的動作

📷 播放動作

錄製好動作後,若要執行動作時,只要在**動作面板**中點選錄製好的動作,再按下 ▶ **播放選取的動作**按鈕,或是直接按下此動作的快速鍵,即可播放動作。

動作組合

進行錄製的動作時，可以先建立一個相關的動作組合，來放置我們錄製的動作，以做到分門別類的管理。

按下**動作面板**上的 📁 **建立新增組合**按鈕，開啟「新增組合」對話方塊，於名稱欄位中輸入名稱，輸入好後按下「**確定**」按鈕，即可新增一個**動作組合**，接著將錄製好的動作搬移到剛剛新增的動作組合中，以方便日後使用。

將動作搬移至動作組合中

刪除動作

要將動作刪除時，只要在動作面板中點選要刪除的動作，再按下 🗑 **刪除**按鈕即可。

3-8 批次處理

Photoshop 提供了**批次處理**功能，可以將大量的檔案，套用指定的**動作**，並自動將檔案儲存起來。

批次處理的使用

執行「**檔案→自動→批次處理**」指令，開啟「批次處理」對話方塊，即可進行批次處理的設定。

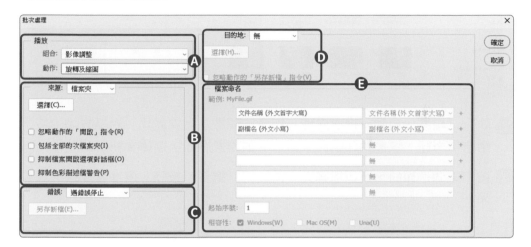

Ⓐ 播放區：指定批次處理時要執行的動作。

Ⓑ 來源區：設定檔案來源及處理方式。

　　來源：可以選擇要處理檔案的來源，可選擇**資料夾、讀入、開啟的檔案、Bridge** 等。

　　忽略動作的「開啟」指令：將此選項勾選時，表示指定的動作中若有開啟指令時，會自動跳過此指令；若指定動作中沒有開啟指令時，請勿勾選此選項，否則批次處理時不會開啟任何檔案。

　　包括全部的次檔案夾：若指定的資料夾中包含子資料夾時，子資料夾內的檔案也會一併處理。

　　抑制檔案開啟選項對話框：可以避免為每個要處理的檔案都開啟對話框。

　　抑制色彩描述檔警告：當影像所嵌入的色彩描述與 Photoshop 所使用的不同時，不會開啟「嵌入描述檔不符」對話方塊，若不勾選表示要開啟對話方塊。

Ⓒ 錯誤區：設定批次作業發生錯誤時的處理方式，可以選擇**遇錯誤停止、記錄錯誤到檔案**等。

　　遇錯誤停止：發生錯誤時，會停止批次作業的進行。

　　記錄錯誤到檔案：將錯誤訊息記錄到檔案中，並指定錯誤訊息檔案存放的位置。

Ⓓ 目的地區：設定要如何處理完成批次處理的檔案，按下選單鈕可以選擇**無、儲存和關閉**及**檔案夾**；將忽略動作的**「另存新檔」指令**選項勾選時，會直接將檔案儲存到指定資料夾。

Ⓔ 檔案命名區：設定檔案命名方式。

　　大致了解批次功能後，接著就來實際操作看看，在操作前，先錄製好要執行的動作，再將要處理的檔案全部放在同一個資料夾中，這裡以**「旅遊相簿」**資料夾為例，將該資料夾內的檔案全部套用**圖片加框**動作。

進行批次處理時，會執行的動作

1　執行**「檔案→自動→批次處理」**指令，開啟「批次處理」對話方塊，按下**組合**選單鈕，選擇動作組合，再按下**動作**選單鈕，選擇要執行的動作。

2　按下**來源**選單鈕，選擇**檔案夾**，再按下**「選擇」**按鈕，選擇要處理的資料夾。

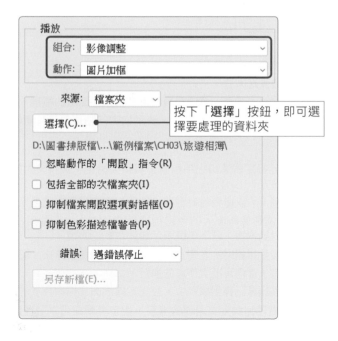

按下**「選擇」**按鈕，即可選擇要處理的資料夾

3 按下**目的地**選單鈕,選擇**檔案夾**,再按下「**選擇**」按鈕,選擇要存放的資料夾,並將**忽略動作的「另存新檔」指令**選項勾選。

4 接著設定檔案命名方式,請在第一個欄位中輸入「**travel-**」,按下第二個欄位的選單鈕,選擇「**2位數序號**」,按下第三個欄位選單鈕,選擇「**副檔名(外文小寫)**」。

5 都設定好後按下「**確定**」按鈕,就會開始進行批次處理的動作,處理完成後,到目的資料夾中,即可發現所有檔案都已處理完成。

📷 快捷批次處理

　　若常常要執行某個動作時，可以將此動作製作成執行檔，儲存在電腦或是隨身碟中，只要有安裝 Photoshop，即可使用此執行檔來執行動作。執行「**檔案→自動→建立快捷批次處理**」指令，開啟「建立快捷批次處理」對話方塊後，即可進行設定，設定好後按下「**確定**」按鈕，就會建立一個批次處理的執行檔。

1 按下「**選擇**」按鈕，選擇執行檔要儲存的位置　　**4** 按下「**確定**」按鈕，即可建立執行檔

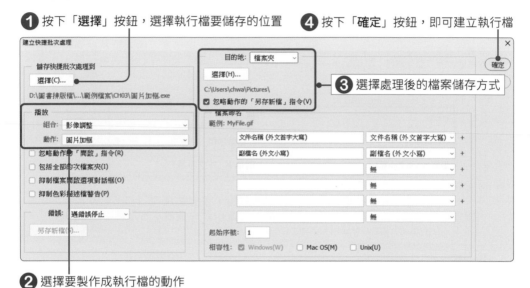

2 選擇要製作成執行檔的動作

　　建立好執行檔後，將要處理的資料夾拖曳到該執行檔圖示上，便會出現「**以 Adobe Photoshop Droplet 開啟**」訊息文字，此時放開滑鼠，Photoshop便會開始處理資料夾內的檔案。

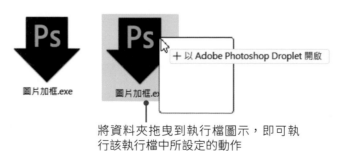

將資料夾拖曳到執行檔圖示，即可執行該執行檔中所設定的動作

3-9 影像處理器

除了使用批次處理來處理大量圖片外，Photoshop還提供了**影像處理器**功能，可以一次將資料夾中的所有檔案轉存成TIFF、PSD、JPEG等格式，且還可以重新調整影像的尺寸，或是加上版權資料。

執行「**檔案→指令碼→影像處理器**」指令，開啟「影像處理器」對話方塊，即可進行相關設定。

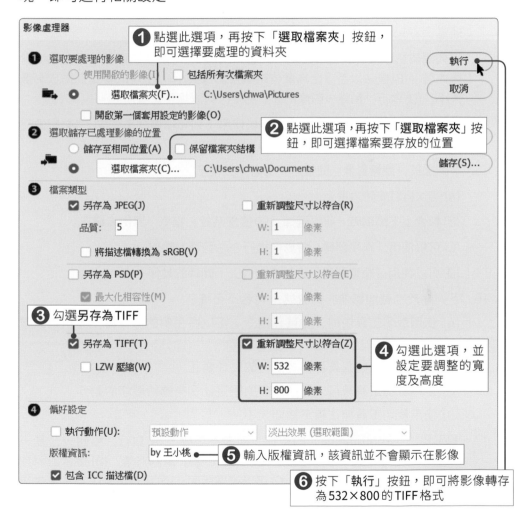

在設定要轉換的檔案類型時，可以一次勾選多種類型，若三種類型都要時，那就將三種類型都勾選。而在**偏好設定**中還可以勾選**執行動作**選項，選擇轉換時要執行的**動作**。

自我評量

選擇題

( ) 1. 下列關於「解析度」的敘述，何者<u>不正確</u>？ (A) dpi是印表機的解析度單位 (B) 是影響數位照片品質的因素 (C) 像素數量越多代表解析度越低 (D) ppi 是指像素數量。

( ) 2. 若要製作提供印刷輸出之清楚圖檔，其解析度應該設定為多少dpi以上較為 適當？ (A) 36dpi (B) 72 dpi (C) 150 dpi (D) 300 dpi。

( ) 3. 下列關於影像尺寸調整的敘述，何者<u>不正確</u>？ (A) 調整影像尺寸不會裁切影 像內容 (B) 無法以百分比為單位來調整影像大小 (C) 可以等比例縮放影像 大小 (D) 執行「影像→影像尺寸」指令，可以調整影像尺寸。

( ) 4. 要將影像四周加上黑色邊框時，可以使用下列哪項指令來完成？ (A) 影像尺 寸 (B) 文件尺寸 (C) 像素尺寸 (D) 版面尺寸。

( ) 5. 下列關於「旋轉影像」的敘述，何者<u>不正確</u>？

(A) 可以自訂旋轉角度

(B) 影像上下顛倒時，可以選擇「90度逆時針」指令，將影像轉正

(C) 可以使用「水平翻轉」將影像進行左右翻轉的動作

(D) 可以使用「垂直翻轉」將影像進行上下翻轉的動作。

( ) 6. 下列關於「裁切影像」的敘述，何者<u>不正確</u>？

(A) 使用裁切工具中的「拉直」指令，可以將歪斜的影像轉正並自動調整 裁切範圍

(B) 使用透視裁切工具可以將照片的物件轉正

(C) 使用裁切工具時可以選擇預設的固定比例來進行裁切的動作

(D) 使用裁切工具無法指定裁切大小。

( ) 7. 下列關於「Photomerge」的敘述，何者<u>不正確</u>？ (A) 執行「編輯→自動→ Photomerge」指令，可以開啟「Photomerge」對話方塊 (B) 接合的照片 左右兩側都要有重疊的範圍 (C) 可以選擇版面 (D) 可以將數張照片合併成 一個連續的影像，製作出全景照片。

( ) 8. 要開啟動作面板時，可以使用下列哪組快速鍵？ (A) Shift+F9 (B) Ctrl+F9 (C) Tab+F9 (D) Alt+F9。

( )9. 下列關於「錄製動作」的敘述，何者<u>不正確</u>？ (A)可以自行設定動作名稱 (B)執行「視窗→動作」指令，可以開啟動作面板 (C)無法設定執行時的快速鍵 (D)可以將儲存檔案的動作也一併錄製起來。

( )10.下列關於「影像處理器」的敘述，何者<u>不正確</u>？ (A)可以將資料夾中的所有檔案轉存成PSD格式 (B)可以重新調整影像的尺寸 (C)可以加上版權資料 (D)無法選擇要執行的動作。

◎ 實作題

1. 開啟「CH03 → ch03-a.jpg」檔案，進行以下的設定。

- 使用裁切指令將影像裁切成 1:1 固定比例。
- 將影像尺寸調整成「500×500」像素。
- 將影像加上 40 像素的白色框。

2. 開啟「CH03 → ch03-b.jpg」檔案，使用透視裁切工具修正影像拍攝角度。

3. 將「CH03 →巴黎」資料夾內的照片製作成全景照片。

01.JPG   02.JPG   03.JPG

04.JPG   05.JPG   06.JPG

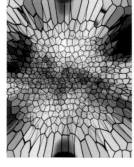

CHAPTER 04

數位影像色彩調整

HEALTHY VEGETARIAN

在每一口素食的背後，是一份對健康的投資，也是對環境的愛護。讓我們一起享受蔬食的美味，為我們的未來和子孫後代燃點希望之燭。

4-1 影像色彩模式轉換

Photoshop 提供了**點陣圖、灰階、雙色調、索引色、RGB色彩、CMYK色彩、Lab色彩、多重色版**等八種色彩模式,在進行影像色彩調整時,可以依需求選擇要使用的色彩模式。

將影像轉換為灰階模式

要將彩色影像轉換為黑白時,可以執行「**影像→模式→灰階**」指令,所謂的灰階影像就只有灰色的變化,在設定時還可以選擇用8位元、16位元或32位元來儲存。

原圖(ch04-01.jpg)　　　　　　　　　　灰階模式的影像(ch04-02.jpg)

將影像從本身的原始模式轉換為不同的模式時,便永久變更了影像中的顏色數值。例如:將RGB影像轉換為CMYK模式時,在CMYK色域外的RGB色彩值會調整到CMYK色域中。若將影像再從CMYK轉換回RGB時,可能會遺失一些影像資料且無法復原。

將影像轉換為雙色調模式

雙色調代表了**單色調、雙色調、三色調**及**四色調**的灰階影像,它可以使用1~4種自訂油墨來取代灰階影像中的黑色油墨。在這些影像中,使用彩色油墨來製作不同色調的灰色,而不是使用灰階。了解後,來看看該如何將影像轉換為雙色調整模式。

❶ 開啟 **ch04-03.jpg** 檔案,因為只有8位元的灰階影像才能轉換為雙色調,所以請先執行「**影像→模式→灰階**」指令,將影像轉換為灰階。

② 再執行「**影像→模式→雙色調**」指令，開啟「雙色調選項」對話方塊。

③ 先將「**預視**」選項勾選，進行調整時，即可立即預視調整結果。在「類型」選項中，選取「**雙色調**」。

④ 按下油墨2的**顏色方塊**，開啟「檢色器」，選取要使用的顏色。

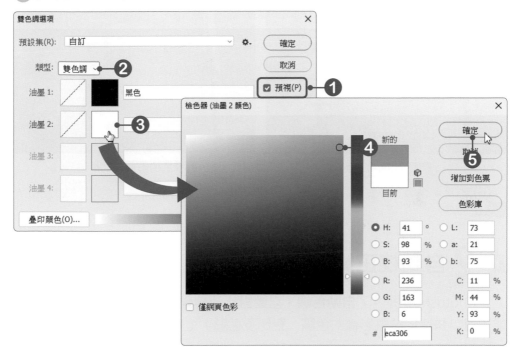

⑤ 回到「雙色調選項」對話方塊後，為油墨2的顏色輸入一個名稱，輸入好後按下「**確定**」按鈕，完成雙色調的設定。

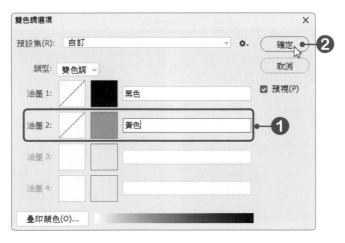

⑥ 影像被轉換為雙色調模式。

原圖 (ch04-03.jpg) 　　　　　　　　　雙色調模式的影像 (ch04-03.psd)

 將影像調整為雙色調模式後，只能將影像儲存為 PSD、EPS、PDF、PSB 及 RAW 格式。

4-2 自動校正影像

Photoshop 提供了**自動色調**、**自動對比**及**自動色彩**等三種自動化調整功能，可以快速地調整影像的色調、對比及色彩，這裡就來看看該如何使用。

📷 自動色調

要修正一些曝光不足或是曝光過度的影像時，可以執行「**影像→自動色調**」指令 (Shift+Ctrl+L)，來調整影像，但有時會不如預期，此時可以使用其他功能 (例如：曲線或色階) 做進一步的調整。

原圖 (ch04-04.jpg) 　　　　　　　　　執行自動色調後的結果 (ch04-05.jpg)

自動對比

要將影像整體色調的對比變得更明顯時，可以執行「**影像→自動對比**」指令 (Alt+Shift+Ctrl+L)，Photoshop 就會自動將影像的對比提高。

原圖 (ch04-06.jpg)

執行自動對比後的結果 (ch04-07.jpg)

自動色彩

要修正影像色偏的問題，讓影像色彩更接近自然色調時，可以執行「**影像→自動色彩**」指令 (Shift+Ctrl+B)，調整影像的對比及色彩。

原圖 (ch04-08.jpg)

執行自動色彩後的結果 (ch04-09.jpg)

◎知識補充：色階分佈圖

進行影像調整時，可以先開啟「**色階分佈圖**」面板，觀察影像的色階分佈情形，好讓自己了解相片的狀態，也才知道該如何進行相片的調整。色階分佈圖會以圖表方式顯示每個色彩強度階層上的像素數，呈現像素在影像中的分佈情形。

按下面板選單鈕可以選擇要以**擴展視圖**、**精簡視圖**或是**所有色版視圖**來檢視色階。

● **擴展視圖：**會顯示含統計資料的色階分佈圖 (如上圖所示)。
● **精簡視圖：**會顯示不含控制項或統計資料的色階分佈圖。
● **所有色版視圖：**會顯示色版的各個色階分佈圖，以及「擴展視圖」的所有選項。

4-3 亮度與對比

　　拍照時最常拍出偏亮或偏暗的照片，此時可以調整亮度與對比，讓影像變得更清楚。執行「**影像→調整→亮度/對比**」指令，開啟「**亮度/對比**」對話方塊，直接拖曳滑桿或直接輸入數值，即可進行亮度及對比的調整。

拖曳亮度滑桿，即可調整明暗度，往右拖曳可增加亮度，往左拖曳則降低亮度，其範圍由-150至150

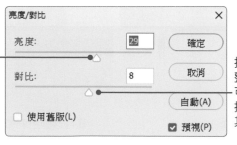

拖曳對比滑桿，即可調整對比程度，往右拖曳可加強對比效果，往左拖曳則降低對比效果，其範圍由-50至100

　　調整亮度與對比時，若將亮度調高，影像會變亮，反之則變暗；若將對比調高，色彩對比會變得比較強烈，反之影像會趨近於灰色。因此，在調高亮度時，適當地增加對比，便可使影像亮部、暗部的區別變明顯，如下圖所示。

原圖(ch04-10.jpg)

增加亮度30，增加對比20(ch04-11.jpg)

原圖(ch04-12.jpg)

減少亮度-40，增加對比40(ch04-13.jpg)

4-4 色階與曲線

色階與曲線功能是調整影像色彩的重要工具，可以自行控制影像的色調分佈。

使用色階調整色調範圍

色階是將影像色彩強度分為0~255個等級，0為最暗(黑色)，255則為最亮(白色)，調整色階可以用來改變影像陰影、中間調和亮部的強度層級，進而校正影像的色調範圍和色彩平衡。可以針對整體影像，或是單一色版進行調整，改善光線不佳、曝光不足或過度曝光的照片。了解後，就來看看該如何使用色階調整色調範圍。

1 開啟ch04-14.jpg檔案，執行「影像→調整→色階」指令(Ctrl+L)，開啟「色階」對話方塊。

2 若要調整特定色版的色調，請按下色版選單鈕，選擇要調整的色版，要調整整體色階時，請選擇RGB色版。在輸入色階區中可以看到黑(第0階)、灰(中間調)、白(第255階)三個滑桿，請先拖曳黑色滑桿，將影像的最暗點對應到全黑，讓陰影變得更暗，但亮度不受影響。

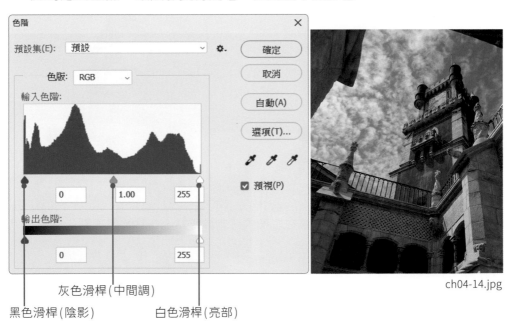

ch04-14.jpg

灰色滑桿(中間調)

黑色滑桿(陰影)　　　白色滑桿(亮部)

③ 拖曳白色滑桿，將影像的最亮點對應到全白，讓亮部變得更亮，而陰影則不受影響。

④ 陰影及亮部調整好後，影像就不再那麼陰暗了，為了讓影像再亮一些，接著要調整中間調，請將灰色滑桿往左拖曳，讓亮部區域再變亮一些。

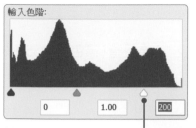
將白色滑桿(亮部)往左拖曳，讓影像變亮

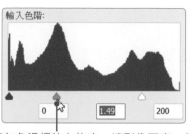
將灰色滑桿往左拖曳，讓影像再亮一些

ch04-15.jpg

⑤ 調整好後按下「**確定**」按鈕，完成影像色階的調整。

◎ 知識補充：用滴管調整色階

在「色階」對話方塊的右邊有三個滴管，分別代表了黑色(陰影)、灰色(中間調)及白色(亮部)等，利用滴管可以直接在影像中設定最暗點、灰點及最亮點。例如：找出影像中的最亮點時，再按下 🖋 按鈕，將滴管移至影像中最亮的地方，按下**滑鼠左鍵**，即可完成最亮點的設定。

黑色：設定最暗點 ── 🖋 🖋 🖋 ── 白色：設定最亮點

灰色：用於色彩校正

使用曲線調整影像色彩與色調

　　使用**曲線**可以針對整個影像色調範圍內調整各個色階。執行「**影像→調整→曲線**」指令 (Ctrl+M)，開啟「曲線」對話方塊，進行調整。進入「曲線」對話方塊後，影像的色調是以對角直線表示，表示目前輸入及輸出的值是一樣的，也就是沒有調整過，曲線圖的右上方區域代表亮部，左下方區域則代表陰影。

ch04-16.jpg

選擇要調整的色版，要調整整體色調時，請選擇 RGB

曲線圖區域

垂直軸，調整後的影像色階分佈，為輸出色階

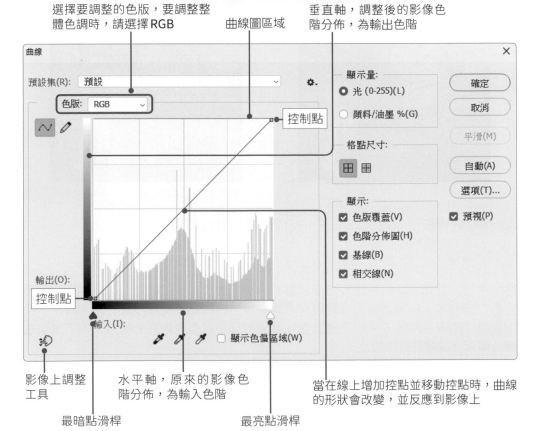

影像上調整工具

水平軸，原來的影像色階分佈，為輸入色階

當在線上增加控點並移動控點時，曲線的形狀會改變，並反應到影像上

最暗點滑桿

最亮點滑桿

提高影像亮度

要提高影像的亮度時，只要將曲線往左上拖曳，就可以讓影像變亮。

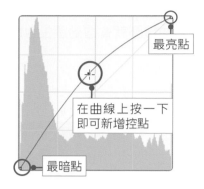

最亮點

在曲線上按一下
即可新增控點

最暗點

ch04-17.jpg

降低影像亮度

要降低影像的亮度時，只要將曲線往右下拖曳，就可以讓影像變暗。

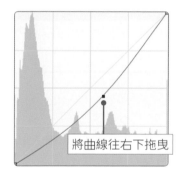

將曲線往右下拖曳

ch04-18.jpg

要刪除曲線上的控制點時，只要將控制點拖移到曲線圖區域之外，或是直接選取控制點，再按下 Delete 鍵。

使用 S 曲線加強對比

將曲線調整成 S 曲線時，可以提高影像的對比，且不會變動到影像的最暗點及最亮點。

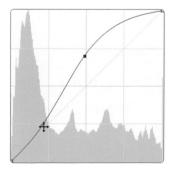

ch04-19.jpg

直接在影像上調整曲線

除了在曲線區域圖中調整曲線外，也可以直接按下 **影像上調整工具**按鈕，將滑鼠游標移至影像中，此時滑鼠游標會變成滴管工具，接著在要調整的區域上按著**滑鼠左鍵**，向上或向下拖曳，曲線圖就會自動產生對應的控點，並看到影像的變化。

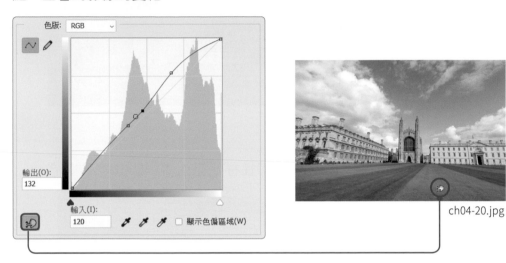

ch04-20.jpg

使用曲線校正色偏

要校正色偏時，還可以使用**曲線**功能來進行，當影像偏黃時，在色版選單中先選擇**藍版**，將藍版的濃度提高；再選擇**紅版**，將紅版的濃度降低。

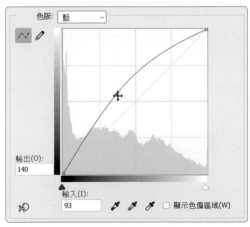

將藍版的濃度提高

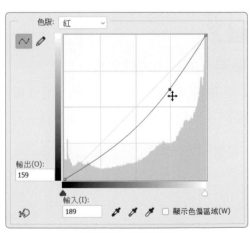

將紅版的濃度降低

原圖(ch04-21.jpg)

結果圖(ch04-22.jpg)

4-5 校正色偏－色彩平衡

　　由於拍攝環境的反射，或是現場光線的不同，有時會產生偏黃、偏藍等色偏的現象，此時可以使用**色彩平衡**功能來中和某個色調，或是加重色調。

❶ 開啟 **ch04-23.jpg** 檔案，執行「**影像→調整→色彩平衡**」指令 (Ctrl+B)，開啟「色彩平衡」對話方塊。

 在室內所拍的照片可能會偏橘或偏黃；室外拍攝的照片則會偏藍，而呈現出不自然的冷色調；在螢光燈下拍的照片則會偏綠。

ch04-23.jpg

② 點選色調平衡中的「**中間調**」，再來調整色彩平衡中的青及黃色，因為該影像明顯偏黃，所以拖曳**黃色滑桿**，往藍色方向移動，以減少黃色的成份；接著再拖曳**青滑桿**，往青色方向移動，以減少紅色的成份。

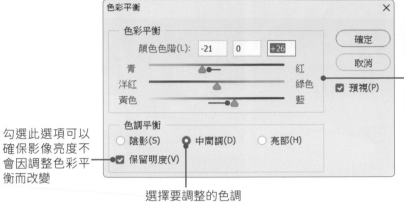

色彩平衡區是用來增加或減少色彩成份用的，有互補關係的顏色會位於同一調整軸兩側，要增加那一個顏色就拖曳滑桿往那個顏色移

勾選此選項可以確保影像亮度不會因調整色彩平衡而改變

選擇要調整的色調

③ 將中間調的黃色及紅色的成份減少後，影像就沒那麼黃了，接著可以再針對亮部及陰影進行調整。調整好後按下「**確定**」按鈕，完成調整的動作。

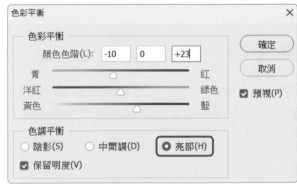

調整亮部的結果

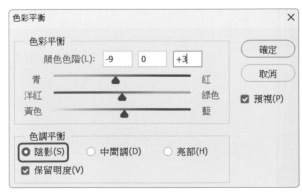

調整陰影的結果 (ch04-24.jpg)

4-6 色相/飽和度與自然飽和度

　　透過**色相/飽和度**與**自然飽和度**功能可以增加影像的飽和度，或是降低某個色版的飽和度，這裡就來學習該如何調整飽和度吧！

📷 調整影像的色相、飽和度及亮度

　　使用**色相、飽和度**功能可以調整影像中特定色彩範圍的色相、飽和度和亮度，或者同時調整影像中的所有色彩。執行「**影像→調整→色相/飽和度**」指令 (Ctrl+U)，開啟「**色相/飽和度**」對話方塊，即可進行設定。

指定要針對哪個顏色範圍做為調整的指標，若不指定時，選擇**主檔案**，表示要調整的範圍是整個影像

色彩調整區中可以調整**色相、飽和度**及**明亮**等項目

調整前的色彩分佈

調整後的色彩分佈

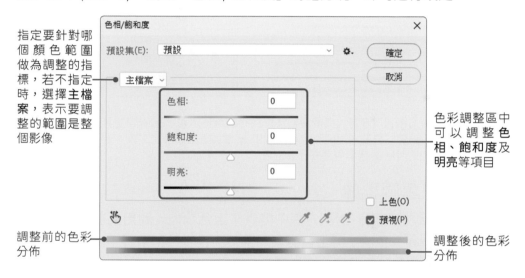

　　這裡以 **ch04-25.jpg** 為例，把影像中的黃色調整為橘紅色。

原圖(ch04-25.jpg)

結果圖(ch04-26.jpg)

開啟「色相/飽和度」對話方塊，選擇「**黃色**」項目，接著再調整色相、飽和度及亮度的值，改變黃色的色彩範圍。

色相滑桿值

選擇黃色後，這裡會出現可以調整色彩範圍的滑桿，最左及最右邊滑桿可調整漸弱區的範圍；中間兩個滑桿則可以調整目標色彩的範圍

 調整時可以利用滴管工具或調整滑桿來修改色彩範圍。 滴管工具可以到影像中選取色彩範圍；若要擴展範圍，可以使用 增加至樣本滴管工具；若要縮小色彩的範圍，則使用 從樣本中減去滴管工具。

📷 製作單色調影像

在「色相/飽和度」對話方塊中提供了**上色**功能，利用此功能可以將影像色彩轉換為單一色調。將**上色**選項勾選後，拖曳**色相滑桿**，調整想要使用的顏色，再拖曳**飽和度滑桿**，調整顏色的鮮豔度。

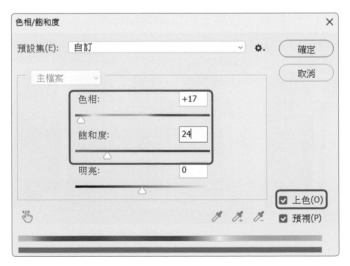

原圖(ch04-27.jpg)

結果圖(ch04-28.jpg)

📷 去除飽和度

　　Photoshop提供了**去除飽和度**功能，可以快速地將影像變更為**灰階**狀態，雖然影像被變更為灰階，但色彩模式並沒有因此被變更為灰階模式，它會保留所有的色版，這是與直接將影像轉為灰階模式最大的不同。因此去除飽和度可以應用在選取範圍或單一圖層中。

　　執行「**影像→調整→去除飽和度**」指令 (Shift+Ctrl+U)，即可將影像變更為灰階。

原圖 (ch04-29.jpg)　　　　　　　　去除飽和度後的結果 (ch04-30.jpg)

　　去除飽和度也可以套用到選取範圍中，這樣可以凸顯出影像中的主題。選取影像中要去除飽和度的範圍，再執行「**影像→調整→去除飽和度**」指令，即可將選取範圍轉換為灰階。

選取要轉為灰階的範圍 (ch04-31.jpg)　　　　去除飽和度後的結果 (ch04-32.jpg)

 關於選取範圍的操作，在第5章中將有詳細的說明。

自然飽和度

自然飽和度會針對飽和度較低的顏色，增加其飽和度，會維持人像膚色的彩度，讓人像膚色於調整後還能維持自然的色彩。

執行「**影像→調整→自然飽和度**」指令，開啟「自然飽和度」對話方塊，拖曳自然飽和度滑桿，增加或減少顏色的飽和度。

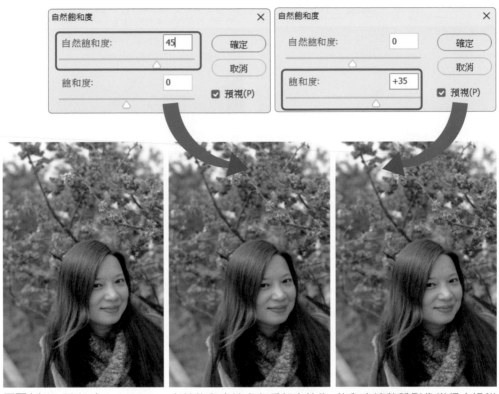

原圖(ch04-33.jpg)　　　　自然飽和度讓膚色看起來較為　飽和度讓整體影像變得太過鮮
　　　　　　　　　　　　自然，且影像不會過於飽和　豔，反而不自然
　　　　　　　　　　　　(ch04-34.jpg)

自然飽和度會把圖片中較不飽和的區域轉飽和；色相/飽和度則會把整張圖都轉為飽和。若要將影像變為黑白時，只要將飽和度設為-100即可。

4-7 符合顏色與色版混合器

當想要更換影像中的某個色調或色彩時，可以使用**符合顏色**或是**色版混合器**功能來完成。

📷 讓不同影像的色調相符

影響影像色調不一的原因有很多，像是不同的鏡頭焦段或拍攝時間場景變化等，造成色調上的差異，此時可以利用**符合顏色**功能，讓兩張不同影像的色調具有相似的色彩。不過，**符合顏色**功能僅適用於 RGB 模式。

這裡以 ch04-35.jpg 及 ch04-36.jpg 兩張影像為例，要將 ch04-36.jpg 調整為 ch04-35.jpg 的色調。

ch04-35.jpg

ch04-36.jpg

➊ 請同時開啟兩張圖片，進入 ch04-36.jpg 影像視窗，執行「**影像→調整→符合顏色**」指令，開啟「符合顏色」對話方塊，進行設定。

➋ 在來源影像中選擇 ch04-35.jpg，選擇好後，ch04-36.jpg 就會自動套用 ch04-35.jpg 的色調。在設定時，有時可能會有亮度過亮、過暗，或色彩過濃等問題，此時都可以直接拖曳明度、色彩強度及淡化滑桿來進行調整。

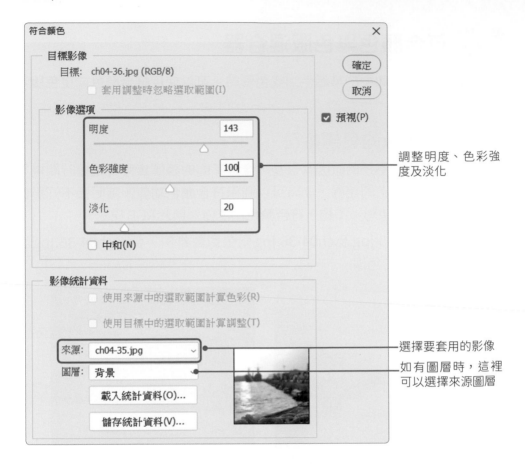

符合顏色   ✕

目標影像
　目標：ch04-36.jpg (RGB/8)   確定
　□ 套用調整時忽略選取範圍(I)   取消

影像選項   ☑ 預視(P)
　明度   143
　色彩強度   100   調整明度、色彩強
　　　　　　　　　　　　　　　　　　　　　　　　　　　　　　　　度及淡化
　淡化   20

　□ 中和(N)

影像統計資料
　□ 使用來源中的選取範圍計算色彩(R)
　□ 使用目標中的選取範圍計算調整(T)
　來源：ch04-35.jpg   ∨   選擇要套用的影像
　圖層：背景   ∨   如有圖層時，這裡
　　載入統計資料(O)...   可以選擇來源圖層
　　儲存統計資料(V)...

③ 設定好後按下「**確定**」按鈕，兩張影像的色調就具有相似的色彩了。

ch04-37.jpg

📷 用符合顏色調整白平衡

利用**符合顏色**功能可以快速地解決影像色偏問題。執行「**影像→調整→符合顏色**」指令,開啟「符合顏色」對話方塊,將「**中和**」項目勾選,勾選後,可能會發現影像的顏色有點被調過頭了,此時只要拖曳**淡化滑桿**,即可讓效果緩和一點,再提高明度,影像就會正常許多。

ch04-38.jpg

ch04-39.jpg

勾選**中和**後,影像的顏色有點被調過頭了

拖曳**淡化**滑桿,讓效果可以緩和一點,再拖曳**明度**滑桿,使影像亮度再提高一些

📷 色版混合器

　　色版混合器可以增加或減少色版的濃度，來改變影像的色調，也可以將影像轉換為灰階。執行「**影像→調整→色版混合器**」指令，開啟「**色版混合器**」對話方塊，即可選擇要調整的色版，將「**單色**」選項勾選，即可將影像轉為灰階。

選擇要調整的色版

當選擇好輸出色版時，會將這個色版的來源滑桿設為100%，而其他的色版則皆設為0%

這裡會顯示來源色版的總數值，如果組合色版的數值高於100%，會在總數值的旁邊顯示警告圖示，指出處理後的影像會過亮，導致亮部的細節會消失。建議各色版的總數值最好維持在100%

拖曳**常數滑桿**，可以調整輸出色版灰階的值，將數值設為負值時，會增加黑色，設為正值時則會增加白色

勾選**單色**選項，影像就會被轉為灰階

 當影像為 RGB 模式時，可以設定紅色、綠色、藍色三個色版；影像為 CMYK 模式時，則可以設定青色、洋紅、黃色、黑色等四個色版。

原圖(ch04-40.jpg)

在紅版中增加紅色比例，並減少藍色的比例(ch04-41.jpg)

4-8 修正背光照片－陰影/亮部

　　在背光下拍攝照片時，會造成曝光不足，使影像變成黑黑的一片，或是主體太靠近相機閃光燈，而變得慘白。此時可以使用**陰影/亮部**功能來校正，該功能不只是單純地讓影像變亮或變暗，而是會根據局部鄰近區域的明暗，使影像變亮或變暗。

　　執行「**影像→調整→陰影/亮部**」指令，開啟「陰影/亮部」對話方塊，拖曳**總量滑桿**，或在陰影方塊中輸入要調整的百分比，百分比越大，會使較暗的地方變得較亮，而亮部的總量百分比越高，則明亮的地方就越暗。

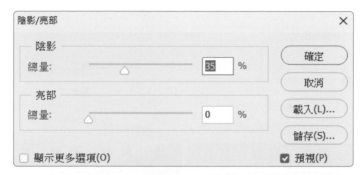

原圖(ch04-42.jpg)

結果圖(ch04-43.jpg)

 背光是指要拍攝的主體背後光線較主體強(例如：主體在太陽的前方)，所以會造成反差過大，而導致背景很清楚，但主體卻太暗。

4-9 影像氣氛調整－創意色調

Photoshop 可以使用**色調分離**、**負片效果**、**臨界值**等功能，創造出不同氛圍的照片，這裡就來學習這些功能的使用吧！

色調分離

色調分離功能可以用來指定影像中的色階數，讓影像產生有趣的色調，執行「**影像→調整→色調分離**」指令，開啟「色調分離」對話方塊，即可設定色階數，例如：將色階設為6時，表示每個色版就分別只會剩下6種色調，以RGB影像來說，就剩下6種紅色、6種綠色及6種藍色。

原圖(ch04-44.jpg)

色階調整為2 (ch04-45.jpg)

色階調整為4 (ch04-46.jpg)

色階調整為6 (ch04-47.jpg)

用負片效果反轉顏色

使用**負片效果**功能，會反轉影像中的色彩，執行「**影像→調整→負片效果**」指令(Ctrl+I)，即可將影像轉換為互補色。

原圖(ch04-48.jpg)

結果圖(ch04-49.jpg)

用臨界值製作高反差的黑白影像

使用**臨界值**功能，可以將灰階或彩色影像轉換為高反差的黑白影像。執行「**影像→調整→臨界值**」指令，開啟「臨界值」對話方塊，設定臨界值層級，設定後所有比臨界值亮的像素會轉換為白色，而比臨界值暗的像素則會轉換成黑色。

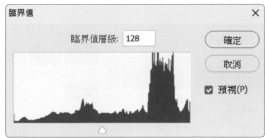

原圖(ch04-50.jpg)

結果圖(ch04-51.jpg)

4-10 調整面板群組

前面介紹了關於影像調整的功能，皆位於「**影像→調整**」選單中，事實上這些調整功能在**調整面板群組**及**圖層面板**中也都有提供，而且功能是相同的，只差異在，執行「**影像→調整**」中的功能，會直接改變影像的像素，每進行一個功能就會被改變一次，若使用**調整面板群組**或**圖層面板**中的功能來執行時，會先建立一個相關功能的**調整圖層**，將設定結果放置於圖層中，而不會直接改變影像。

要建立調整圖層時，執行「**視窗→調整**」指令，開啟「**調整面板群組**」，再於面板中點選要執行的調整功能。

使用預設集調整影像

Photoshop 提供了「調整預設集」，進入**調整面板**後，按下調整預設集展開鈕，便會看到一些預設集，再按下「**更多**」按鈕，即可看到人像、風景、相片修復、創意、黑白及電影等類型的預設集。

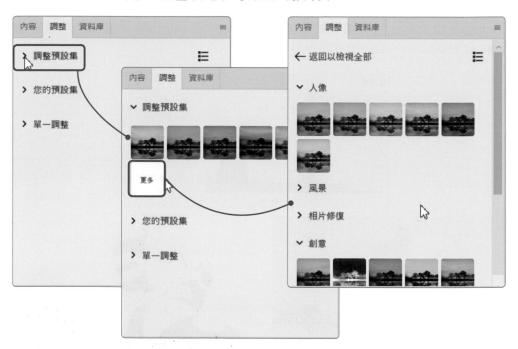

 若沒有看到「調整預設集」選項時，請按下≡面板選單鈕，於選單中點選「**現代化檢視**」即可。

進入調整預設集後，接著只需要點選要套用的預設集，即可變更影像色彩。使用時，可以先將滑鼠游標移至要套用的預設集上，預覽套用後的結果，若符合需求時，再按下**滑鼠左鍵**，即可將此預設集套用至影像，並建立相關的圖層。

ch04-52.jpg、ch04-53.psd

若要進一步調整套用的預設集時，只要在「**圖層面板**」中，點選要修改的調整圖層，再進入「**內容面板**」中，進行各種設定值的調整。

單一調整

除了使用調整預設集進行影像的調整外，還可以直接在「調整面板」中使用要執行的調整功能，例如：按下 建立新**曲線調整圖層**按鈕，會開啟曲線的「**內容面板**」，讓我們進行調整，而在「**圖層面板**」中也會建立一個**曲線調整圖層**。

直接點選要執行的調整功能即可，若不知該圖示代表什麼功能，只要將滑鼠游標移至圖示上，便會顯示該圖示所代表的功能

直接在內容面板中調整曲線效果，而調整方法與 4-4 節所介紹的一樣

建立了**曲線調整圖層**，如果想要再修改調整的值，只要點選圖層，即可再開啟內容面板

同一個影像可以進行多種調整功能，每執行一個調整功能，就會建立一個相關的**調整圖層**。若對調整的結果不滿意時，只要在「圖層面板」中，選取**調整圖層**，再按下 **刪除**按鈕，即可將該圖層刪除。

選取**調整圖層**，再按下 **刪除**按鈕，即可將該圖層刪除

原圖(ch04-54.jpg)　　　　　　結果圖(ch04-55.psd)

進行影像調整時，還可以將調整預設集及單一調整混合使用。

原圖(ch04-56.jpg)

結果圖(ch04-57.psd)

4-11 綜合應用－復古色調

　　學習了那麼多的影像調整功能後，接著就來實際應用一下吧！學習修圖的技巧，要修圖前，有件事情是一定要做的，就是仔細觀看並凝視這張照片的所有內容，包括主題是什麼？背景、光線、色彩以及照片中所要傳達的意境是什麼？這樣才能決定要將這張照片修出什麼樣的感覺，絕非每一種修圖的方式，都能套用在任一張照片中。

　　此範例將介紹如何將照片修出**復古色調**，以 **ch04-58.jpg** 為例，在一般旅遊照片中，會以人物為拍攝主角，但是這張照片選擇將焦距鎖定在路邊的這部老車上，是為了表達走在歐洲街道上，浪漫的建築物，以及老車停靠的對味，人物反倒成為了配角，所以把老車精緻的鍍鉻配件，以及墨綠色的烤漆呈現出來，是修圖的重點。

ch04-58.jpg

ch04-59.psd

❶ 首先執行「**影像→自動色調**」指令 (Shift+Ctrl+L)，先呈現照片的層次感，並濾掉一些雜訊。

❷ 按下**調整面板群組**中的 ❈ **建立新亮度/對比調整圖層**按鈕，進行亮度及對比的調整，先提高亮度，提高至快要接近過度的程度，將一些更細微的雜訊消除；再提高對比，使照片的層次更明顯，讓物件呈現對比感。

在調整的過程中若不滿意結果時，可以按下此鈕，即可回到調整的預設值

③ 亮度與對比調整好後，按下調整面板群組中的  建立新色相/飽和度調整圖層按鈕，進行飽和度的調整，將飽和度降低，讓照片有點舊化的感覺。

④ 按下調整面板群組中的 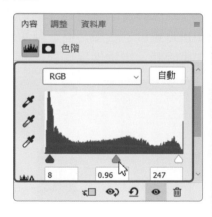 建立新色階調整圖層按鈕，先針對照片進行整體的調整。

⑤ 接著調整**紅版**的部分，此步驟可以調出不同色調的照片，呈現出色調差異所表現出來的情境，增加紅版的部分，則可以讓照片呈現出舊化泛黃的感覺。

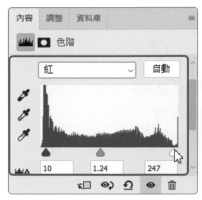

　　到這裡復古色調的照片就調整好了，最後請自行看看還有哪裡需要加強的地方，多試試其他調整功能，或直接套用調整預設集，可以創造出更多不同的效果喔！例如：在色階中調整**藍版**的部分，或是套用調整預設集中的「人像→憂鬱藍」，那麼照片就會呈現冷色調。

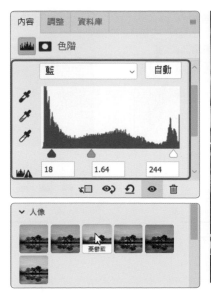

◎知識補充：Snapseed App

Snapseed是由Google公司研發設計的影像處理App，具有專業的修圖功能，且能輕鬆製作想要的照片特效，移除照片中的人物，或是幫照片加上濾鏡效果。只要使用Snapseed內建的樣式功能及工具，即可立即改變照片的樣貌。

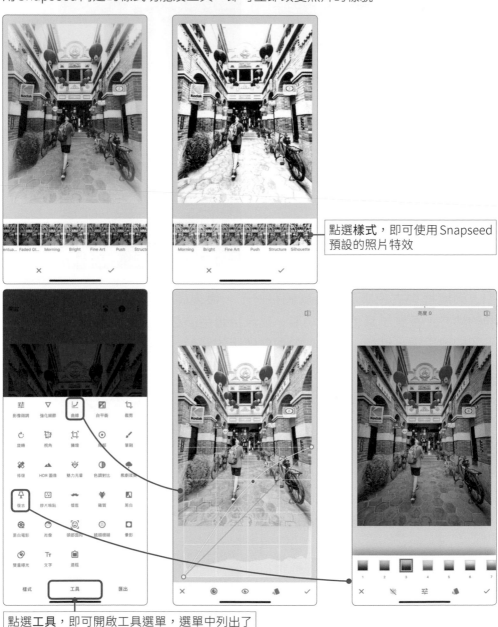

點選**樣式**，即可使用Snapseed預設的照片特效

點選**工具**，即可開啟工具選單，選單中列出了Snapseed所提供的功能

自我評量

選擇題

( )1. 下列關於將影像轉換為雙色調模式的敘述,何者不正確? (A)要先轉換為灰階模式 (B)只有8位元的灰階影像才能轉換為雙色調 (C)可以使用1~4種自訂油墨來取代灰階影像中的黑色油墨 (D)將影像調整為雙色調模式後,可以將影像儲存為jpg格式。

( )2. 要將照片套用「自動色調」功能時,可以使用下列哪組快速鍵? (A) Shift+Ctrl+L (B) Alt+Shift+Ctrl+L (C) Shift+Ctrl+B (D) Shift+Ctrl+U。

( )3. 要將照片套用「自動對比」功能時,可以使用下列哪組快速鍵? (A) Shift+Ctrl+L (B) Alt+Shift+Ctrl+L (C) Shift+Ctrl+B (D) Shift+Ctrl+U。

( )4. 要將照片「去除飽和度」時,可以使用下列哪組快速鍵? (A) Shift+Ctrl+L (B) Alt+Shift+Ctrl+L (C) Shift+Ctrl+B (D) Shift+Ctrl+U。

( )5. 下列關於「色階」指令的敘述,何者不正確? (A)要調整整體色階時,要選擇RGB色版 (B)使用色階指令時,可以直接按下「Ctrl+L」快速鍵 (C)色階是將影像色彩強度分為0~255個等級,255為最暗(黑色),0則為最亮(白色) (D)色階可以用來改變影像陰影、中間調和亮部的強度層級。

( )6. 下列關於「曲線」指令的敘述,何者不正確? (A)可以針對整個影像色調範圍內調整各個色階 (B)使用曲線指令時,可以直接按下「Ctrl+N」快速鍵 (C)影像的色調是以對角直線 (D)要提高影像的亮度時,只要將曲線往左上拖曳,就可以讓影像變亮。

( )7. 當照片產生偏黃、偏藍等色偏的現象時,可以使用下列哪個功能,來中和某個色調,或是加重色調? (A)色彩平衡 (B)亮度/對比 (C)自然飽和度 (D)去除飽和度。

( )8. 要調整人像照片時,若要讓人像膚色於調整後還能維持自然的色彩,可以使用下列哪個功能來調整? (A)色彩平衡 (B)亮度/對比 (C)自然飽和度 (D)去除飽和度。

( )9. 下列關於「符合顏色」指令的敘述,何者不正確? (A)符合顏色功能適用於所有色彩模式的影像 (B)可以讓兩張不同影像的色調具有相似的色彩 (C)利用符合顏色功能可以快速地解決影像色偏問題 (D)可以調整明度、色彩強度及淡化等設定值。

( )10. 要修正有背光問題的照片時,可以使用下列哪個功能? (A)取代顏色 (B)陰影/亮部 (C)漸層對應 (D)臨界值。

◎ 實作題

1. 開啟「CH04 → ch04-a.jpg」檔案,請使用各種影像調整功能,讓照片中的食物看起來更美味。

2. 開啟「CH04 → ch04-b.jpg」檔案,使用調整預設集來調整影像。

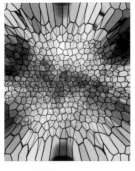

C H A P T E R 0 5

數位影像去背與變形處理

HEALTHY VEGETARIAN

在每一口素食的背後，是一份對健康的投
資，也是對環境的愛護。讓我們一起享受
素食的美味，為我們的未來和子孫後代燃
點希望之燭。

5-1 選取工具的使用

Photoshop提供了矩形、橢圓形、水平、垂直等選取工具,可以選取規則性的形狀,這節將介紹這些選取工具的使用方法。

📷 矩形選取畫面工具

使用 ▦ **矩形選取畫面工具**,可以在影像上選取出矩形範圍。將滑鼠游標移至影像上按下**滑鼠左鍵**,再拖曳出一個選取範圍,放開滑鼠後,即可完成選取的動作。若執行「**影像→裁切**」指令,即可將影像裁切為選取範圍大小。

ch05-01.jpg

執行「**影像→裁切**」指令,即可裁切出選取範圍

ch05-02.jpg

虛框內的範圍便是選取範圍,將滑鼠游標移至選取範圍內,按下**滑鼠左鍵**不放,即可移動選取範圍

建立選取範圍時,可以配合不同的按鍵,選取出不同的範圍。配合 Shift鍵,則可以**等比例**拖曳出正方形選取範圍;配合 Alt 鍵,則會以起始點為中心拖曳出向外擴張的矩形選取範圍;同時按住 Shift+Alt 鍵,則可以由中心拖曳出正方形的選取範圍。

要選取整張影像時,可以按下 Ctrl+A 快速鍵,或執行「**選取→全部**」指令,即可選取整張影像;若要取消選取範圍時,只要按下 Ctrl+D 快速鍵,或執行「**選取→取消選取**」指令。

進行選取時，可以先至**選項列**中進行選取的設定，像是要增加或減少選取範圍、羽化程度、是否消除鋸齒、選取方式等。

增加或減少選取範圍　　選取範圍時將**消除鋸齒**勾選，可以使選取範圍的邊緣較為平滑

羽化值
選擇想要的選取方式：
正常：預設的選取方式，可自行拖曳選取範圍
固定比例：可自行設定固定的寬高比例，例如：寬度3，高度2，表示要以3:2比例拖曳出選取範圍
固定尺寸：可自行設定固定的寬度和高度，輸入時要連同單位一起輸入，若只輸入數值，則會以目前尺標單位為主

橢圓形選取畫面工具

使用 ○.**橢圓形選取畫面工具**可以選取出橢圓形及圓形的選取範圍，選取範圍時也可以配合Shift鍵，選取出正圓形；配合Alt鍵，則可以從起始點為中心拖曳出橢圓形選取範圍；按下Shift+Alt鍵，則可從中心拖曳出正圓形選取範圍。

使用**橢圓形選取畫面工具**時，還可以使用**空白鍵**來輔助選取，在影像中任意一處開始拖曳選取範圍，待拖曳出適當大小時（此時還按著**滑鼠左鍵**）按著**空白鍵**不放，就可以調整選取範圍的位置，調整好後再放開**空白鍵**（此時還按著**滑鼠左鍵**），即可繼續拖曳滑鼠來調整選取範圍的大小。

將起始點設在兩直線交叉點上，再按著**滑鼠左鍵**不放並拖曳滑鼠，即可拖曳出橢圓形選取範圍

配合**空白鍵**即可調整選取範圍位置(ch05-03.jpg)

選取好範圍後，即可針對選取範圍進行調整，使用**臨界值**功能，將選取範圍變成黑白影像(ch05-04.jpg)

📷 水平與垂直單線選取畫面工具

　　▦水平與⫿垂直單線選取畫面工具可以選取1個像素寬的水平線或垂直線，在影像上按一下**滑鼠左鍵**，即可建立1像素的選取範圍。

ch05-05.jpg

在影像上按一下即可建立1像素的選取範圍，將滑鼠游標移至選取範圍

將滑鼠游標移至選取範圍，即可移動選取範圍的位置

📷 增加或減少選取範圍

　　使用選取工具選取範圍時，往往無法一次選取所要選取的範圍，此時可以利用**選項列**上的工具鈕，來增加、減少或與選取範圍相交等選取範圍。

新增選取範圍 ━━━━ 與選取範圍相交

增加至選取範圍　從選取範圍中減去

增加選取範圍

　　若要在現有的選取範圍中再增加選取範圍，只要按下**選項列**上的增加至選取範圍按鈕，即可再增加另一個選取範圍。而在使用任何一個選取工具時，按著Shift鍵不放，即可將模式切換到增加至選取範圍模式。

ch05-06.jpg

按下**增加至選取範圍**按鈕後，滑鼠游標旁會出現一個＋號，此時再選取另一個範圍，即可增加選取範圍

減少選取範圍

　　若要在現有的選取範圍中減掉某部分的選取範圍時，可以按下**選項列**上的 從選取範圍中減去 按鈕，滑鼠游標就會顯示 - 號，接著再選取要減去的範圍，即可將選取範圍減少。而在使用任何一個選取工具時，按著 Alt 鍵不放，即可將模式切換到**從選取範圍中減去**模式。

與選取範圍相交

　　使用**選項列**上的 與選取範圍相交 按鈕，可以將兩個選取範圍重疊的部分留下來，減去非重疊的範圍。而在使用任何一個選取工具時，按著 Shift+Alt 鍵不放，即可將模式切換到**與選取範圍相交**模式。

❶ 先選取一個選取範圍，按下**選項列**上的**與選取範圍相交**按鈕

❷ 此時滑鼠游標會顯示 ✕ 號，接著再選取一個範圍

ch05-07.jpg

❸ 二個選取範圍重疊的部分就會被保留下來

🔲 調整選取範圍

　　建立選取範圍後，若要修改選取範圍的大小，可以執行「**選取→變形選取範圍**」指令，選取範圍就會出現八個控制點，此時只要直接拖曳控制點，即可任意調整選取範圍。調整選取範圍時，按著 Ctrl 鍵不放，可以單獨調整某一個控制點，讓選取範圍符合要選取的物件。

❶ 將滑鼠游標移至控制點上即可調整大小

❷ 按著 Ctrl 鍵不放，就可以單獨調整某一個控制點的選取範圍

❸ 在選取範圍中**雙擊滑鼠左鍵**，或按下 Enter 鍵，完成變形選取範圍的動作

 將滑鼠游標移至左上、右上、左下、右下的控制點時，滑鼠游標會呈 ↕ 狀態，此時按著滑鼠左鍵不放，並拖曳控點，即可旋轉選取範圍。

ch05-08.jpg

　　調整選取範圍時，可以使用以下按鍵來進行調整：

▢ Shift：可以等比例縮放選取範圍。

▢ Ctrl：可以單獨調整控點的位置。

▢ Ctrl+Alt：按著不放並拖曳控點，可以用對稱變形方式調整選取範圍。

▢ Ctrl+Alt+Shift：按著不放並拖曳控點，可以用透視變形方式調整選取範圍。

5-2 選取不規則的範圍－套索工具

利用選取工具可以選取規則性的選取範圍，讓去背變得更容易。當要選取不規則的形狀或物件時，就可以使用**套索工具組**，選取任意形狀的選取範圍。套索工具組中包含了**套索工具、多邊形套索工具**及**磁性套索工具**，這裡就來學習該如何使用這些工具選取不規則的範圍吧！

套索工具

使用 套索工具可以在影像上隨意選取任何形狀的選取範圍。點選 **套索工具**後，將滑鼠游標移至影像中，按著**滑鼠左鍵**不放，沿著要選取物件的邊緣拖曳滑鼠，即可選取出想要的範圍。

❶ 按著**滑鼠左鍵**不放沿著物件邊緣拖曳滑鼠，圈選出想要的範圍(ch05-09.jpg)

❷ 拖曳到終點時，選取範圍便圍成封閉區域，完成選取的動作

完成選取後，即可針對選取區域進行影像的調整，例如：使用**色相/飽和度**功能，將選取範圍更換色彩。

ch05-10.jpg

🔳 多邊形套索工具

使用 🔳 **多邊形套索工具**可以在所設置的選取點與選取點間拉出一條直線線條，所以適用於各種以直線線條構成的物件之選取。要選取影像中的物件時，在影像上一一建立選取點，當回到起點後，即產生一個封閉區域，便完成選取的動作。

❶ 在影像上按一下**滑鼠左鍵**，即可標出起點，拖曳滑鼠到第二個位置按下**滑鼠左鍵**，會產生一個選取點，接著再利用此方式建立出一個選取區 (ch05-11.jpg)

❷ 結束選取時，將滑鼠游標移回起點上，讓起點與終點結合，按下**滑鼠左鍵**，即可完成選取的動作

🔳 磁性套索工具

🔳 **磁性套索工具**會依照物體的邊緣自動描繪選取點，快速將有明顯差異的背景分離出來，所以適用於選取顏色較單純的影像。使用 🔳 **磁性套索工具**時，可以至**選項列**中進行寬度、對比及頻率的設定，讓選取時更為精準。

感壓筆

🔳 **寬度**：可以設定以像素為單位的偵測距離，要選取的物件輪廓很明確時，設定值可以設大一些；若輪廓較模糊時，設定值就設小一些。

☐ **對比**：可以設定偵測邊緣對比的強弱，輸入值介於1%到100%的數值，若要偵測對比較強的邊緣(輪廓較為明顯)，數值就要設高一點。

☐ **頻率**：可以設定選取時自動建立選取點的密度，輸入介於0到100的數值，數值越大，選取時的選取點密度也越多。

☐ **筆的壓力**：按下此鈕可以啟動感壓筆的感壓功能(電腦要裝有感壓筆)，若增加筆尖壓力會減少邊緣寬度。

① 在物件邊緣按下**滑鼠左鍵**，建立選取範圍起點，再沿著要選取的物件邊緣慢慢移動，就會自動沿著物件邊緣產生選取點(ch05-12.jpg)

② 結束選取時，將滑鼠游標移回起點上，讓起點與終點結合，按下**滑鼠左鍵**，即可完成選取

選取範圍時，若選取點放錯位置，可以按下 Delete 鍵或 Backspace 鍵，刪除最近一個選取點，每按一次就會往前取消一個選取點。若要取消全部選取點時，可以按下 Esc 鍵。

5-3 物件選取、快速選取與魔術棒工具

要選取具有明顯輪廓或相近色彩範圍時，可以使用**物件選取工具**、**快速選取工具**或**魔術棒工具**來選取範圍，這些工具讓去背變得更快速。

📷 物件選取工具

物件選取工具會自動選取影像中的人物、車輛、寵物、天空、水、建築等物件或區域，只要將滑鼠游標停留在影像中想選取的物件或區域上，**物件選取工具**就會自動辨識出要選取的物件，並以覆蓋顏色方式顯示要被選取的物件或區域。也可以直接選取出一個範圍，讓**物件選取工具**辨識要選取的物件。

❶ 將滑鼠游標停留在影像中想選取的物件或區域上，🔲**物件選取工具**就會自動辨識出要選取的物件 (ch05-13.jpg)

❷ 若該範圍是正確的，只要按下**滑鼠左鍵**，便會自動將該範圍轉換為選取範圍

📷 快速選取工具

要選取影像中具有明顯輪廓的物件時，可以使用🖌**快速選取工具**，在影像上塗抹出要選取的範圍，就會自動偵測塗抹處的影像邊界，輕鬆完成選取的動作。

使用🖌**快速選取工具**選取影像時，可以在**選項列**中可以調整筆刷的大小，當要增加選取範圍時，可以按下🖌**增加至選取範圍**按鈕；要減少時，按下🖌**從選取範圍中減去**按鈕。

勾選此選項，可以降低選取範圍邊界的粗糙感，讓
選取範圍的邊緣更為平滑

從選取範圍中減去

增加至選取範圍　　筆刷大小，數值越大偵測範圍就越大

在影像上按下**滑鼠左鍵**不放，並塗抹要選取的範圍，即可建立選取範圍 (ch05-14.jpg)

增加至選取範圍：塗抹要增加的範圍，就會將　　**從選取範圍中減去**：塗抹要減去的範圍，該範
選取的範圍增加至已選取的範圍中　　　　　　　　圍就會被取消選取狀態

魔術棒工具

　　要選取影像中的某個色彩時，可以使用 魔術棒工具選取色彩相近的區
域，在使用時，可以先至**選項列**中，進行容許度的設定，可輸入介於 0 到 255
之間的像素數值，若要選取的範圍色彩較相近時，數值可設小一點；若要選
取的色彩範圍較廣時，則數值要設大一點。

按一下要選取的部分，就會自動選取顏色相近的範圍(ch05-15.jpg)

要增加選取範圍時，按下 🔲 **增加至選取範圍**按鈕，即可再增加另一個選取範圍；若要減去選取範圍時，按下 🔲 **從選取範圍中減去**按鈕，即可將選取範圍減少

　　影像中有數個色彩相近的不連續選取範圍時，可以先將**選項列**上的「**連續的**」勾選取消，再進行選取的動作，選取時就會選取影像中不相鄰的部分。

魔術棒工具無法用在「點陣圖」模式的影像或色版為32位元的影像上。

取消「**連續的**」，則會選取影像中所有白色的範圍

5-4 以顏色選取範圍

使用**顏色範圍**功能，可以在現有的選取範圍或整個影像中選取指定的顏色或顏色範圍，達到去背的效果。

1️⃣ 開啟 ch05-16.jpg 檔案，執行「選取→顏色範圍」指令，開啟「顏色範圍」對話方塊，按下**選取**選單鈕，選擇「**樣本顏色**」，接著在影像中按一下**滑鼠左鍵**，選取樣本顏色。

1️⃣ 選擇「樣本顏色」

選取樣本顏色時，若將「當地化顏色叢集」勾選，則可以選取影像中多個顏色範圍。

2️⃣ 選取樣本顏色

ch05-16.jpg

② 樣本顏色選擇好後，在預覽區中就會顯示被選取的範圍。**白色代表被選取的範圍；灰色表示部分被選取；黑色表示該範圍沒有被選取。**

③ 接著調整朦朧值，控制取樣顏色的容許度，調整好後，若還有未選取到的部分，可以按下 🖋️ **增加至樣本**按鈕，在影像中點選要加入的顏色範圍。

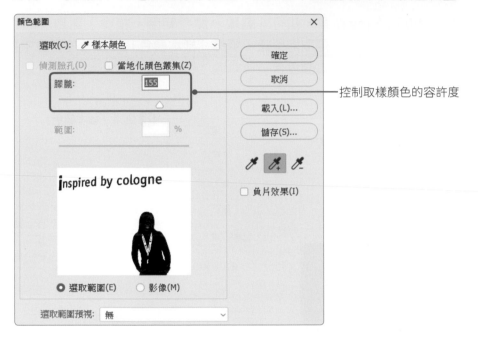

控制取樣顏色的容許度

 使用**顏色範圍**功能，還可以快速地選取皮膚色調，將膚色調的更紅潤或更白皙。按下「顏色範圍」對話方塊中的**選取**選單鈕，於選單中選擇「**皮膚色調**」，並將「**偵測臉孔**」選項勾選，就會自動將皮膚範圍選取。

④ 顏色範圍都選取好後，按下「**確定**」按鈕，即可完成選取的工作。

⑤ 若選取範圍中有不該被選取的部分,可以使用其他選取工具,來修正選取範圍。

使用**矩形選取畫面工具**,減少選取範圍

5-5 影像去背工具的使用

要快速選取影像中的某些主體並進行去背時,可以善用**焦點區域、主體、天空**及**橡皮擦工具組**等來進行。

📷 焦點區域

焦點區域功能可以快速選取影像中有明顯輪廓的物件,且只要執行「**選取→焦點區域**」指令,便會自動選取影像中的焦點物件。

焦點區域自動選取了影像中的英文標題字及人物

若自動選取的結果不是很好時,可以手動調整焦點範圍的參數,或使用筆刷工具來增加或刪除選取區域。

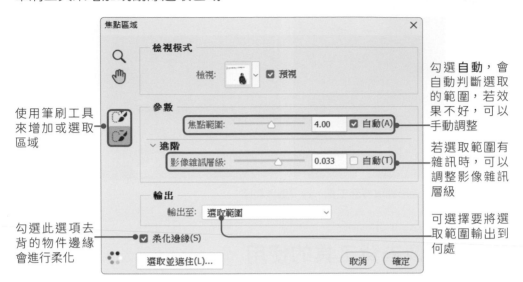

使用筆刷工具來增加或選取區域

勾選此選項去背的物件邊緣會進行柔化

勾選**自動**,會自動判斷選取的範圍,若效果不好,可以手動調整

若選取範圍有雜訊時,可以調整影像雜訊層級

可選擇要將選取範圍輸出到何處

選取範圍都設定好後,可以在**輸出至**選項中選擇「**新增文件**」,去背後的結果就會自動建立在新的文件中。

ch05-16.psd

📷 一鍵選取照片人物主體

使用**主體**功能可以自動偵測照片中的主角,並將主角選取起來,讓去背變得更加的簡單,也縮減了複雜的去背流程。只要執行「**選取→主體**」指令,便會自動選取影像中的主角。

執行「**選取→主體**」指令,便會自動選取影像中的主角

當有一些細微的部分,沒被選取或是被多選了,可以執行「**選取→選取並遮住**」指令 (Alt+Ctrl+R),進入選取並遮住的模式,就可以再進行較細微的選取。

 要選取圖片中的主體時,可以直接按下「**相關工作列**」上的「**選取主體**」按鈕,Photoshop 就會自動判斷圖片中的主體並選取。

📷 一鍵選取天空及天空替換

使用**天空**功能可以快速選取照片中的天空，只要執行「**選取→天空**」指令，便會自動選取影像中天空，選取後可使用漸層填色，來改變天空的色調。

除了選取天空外，還可以使用**天空取代**功能，快速替換照片中的天空，只要執行「**編輯→天空取代**」指令，開啟「天空取代」對話方塊，選擇要替換的天空，便會自動取代影像中天空背景。

ch05-17.jpg

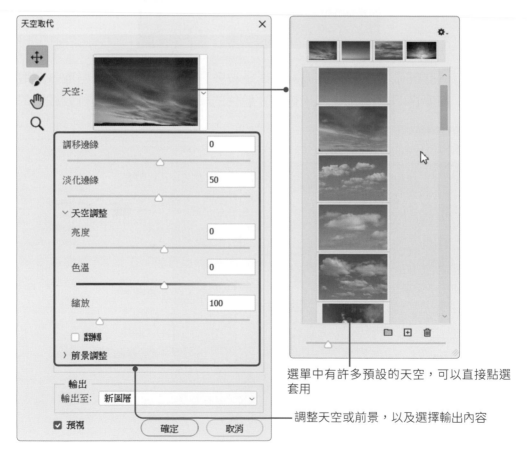

選單中有許多預設的天空，可以直接點選套用

調整天空或前景，以及選擇輸出內容

ch05-17.psd   ch05-18.psd

📷 橡皮擦工具

 橡皮擦工具會將被擦拭掉的影像改以背景色或透明取代，點選**工具面板**上的 橡皮擦工具，再於**選項列**中進行筆刷樣式、模式、不透明、流量等屬性設定，設定好後即可進行擦拭的動作。

使用 橡皮擦工具時，如果是在背景圖層使用，被擦拭掉的影像會以背景色取代，如果是在其他圖層上進行擦拭時，則被擦拭的影像會變成透明。

筆刷樣式及大小 擦拭模式：筆刷、鉛筆及區塊　筆刷流量　　　　　　　　從步驟記錄中擦除

不透明度設為100%時，會將像素完全擦除，不透明度設得較低，則只會將像素部分擦除

被擦拭的範圍會被背景色取代 (ch05-19.jpg)

使用 橡皮擦工具擦拭不要的範圍，即可達到去背的效果 (ch05-20.jpg)

擦拭範圍時，可以按下**模式**選單鈕，於選單中選擇要使用的模式，其中**區塊**模式，無法設定筆刷樣式、不透明及流量。

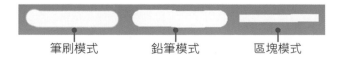

筆刷模式　　　　　鉛筆模式　　　　　區塊模式

📷 背景橡皮擦工具

　　使用 ▨背景橡皮擦工具可以將筆刷範圍內的區域清除為透明像素,是去背的工具之一,該工具特別適用於影像主體與背景的顏色差異大、對比強的時候。點選工具面板上的 ▨背景橡皮擦工具後,即可在選項列中進行筆刷、容許度等設定。

　　　　　　　　取樣　限制選項:非連續的、　　容許度
　　　　　　　　　　　連續的及尋找邊緣

☐ **取樣**:按下 ▨連續按鈕,只要滑鼠游標擦拭到的色彩都會被擦除;按下 ▨一次按鈕,會針對第一次按下滑鼠左鍵位置的顏色做為被擦除的標準色;按下 ▨背景色票按鈕,會以背景色為基準,將接近背景色的色彩擦除。

連續:滑鼠游標擦拭到的色彩都會被擦除
ch05-21.jpg (繪圖:Tac)

一次:在要取樣的顏色上按一下**滑鼠左鍵**,讓該顏色做為被擦除的標準色,擦拭時就只會擦除掉相關的色彩

背景色票:將背景色設為白色後,擦拭時就只會擦除掉接近白色的像素

☐ **限制**:可以選擇擦除時的限制模式,**非連續的**可以擦除筆刷下所有取樣顏色;**連續的**可以擦除包含取樣顏色且彼此相連的區域;**尋找邊緣**可以擦除包含取樣顏色的相鄰區域,並保持影像邊緣的銳利度。

☐ **容許度**:數值越小,可以擦除的顏色範圍較小;數值越大,則可以擦除的顏色範圍較廣。

☐ **保護前景色**:可以防止與前景色相符的顏色範圍不被擦除。

 使用 ▨背景橡皮擦工具擦除影像時,當清除的圖層是背景圖層時,背景圖層會自動轉換為一般圖層。

魔術橡皮擦工具

使用 魔術橡皮擦工具，只要在影像上按一下**滑鼠左鍵**，即可將類似色彩更改成透明，如果將 魔術橡皮擦工具用在已鎖定透明度的圖層中，則被擦除的範圍會變成背景色。點選**工具面板**上的 魔術橡皮擦工具後，即可在**選項列**進行相關的設定。

設定可以擦除的顏色範圍，被擦除的相近顏色範圍就越多

會使用所有可見圖層來取樣要擦除的顏色

設定不透明度

在擦除時會保持較平滑的邊緣

勾選時只能擦除相鄰的同色範圍，若取消勾選則整個影像中相同顏色範圍都會被擦除

1 進入圖層1後，將滑鼠游標移至白色範圍中，按一下**滑鼠左鍵** (ch05-22.psd)　**2** 白色背景瞬間被擦除了

 要去除圖片的背景時，可以按下「**相關工作列**」上的「**移除背景**」按鈕，達到去背的效果，Photoshop 會自動判斷圖片中的要移除的背景。

使用線上 AI 工具去背

網路上有許多的 AI 工具，可以進行照片編修、去背等，完全不需要安裝軟體，就可以使用。常見的線上去背工具有：removebg、PicWish、Fotor、Cutout.pro 等。

removebg

removebg (https://www.remove.bg/zh-tw) 是一個可以快速幫人像照片去背的線上工具，不需要註冊帳號，直接上傳照片，就能立即將人像照片去背，並下載成圖檔。

1️⃣ 進入 removebg 網站 (https://www.remove.bg)，按下「上傳圖像」按鈕，選擇要進行去背的圖片。

2️⃣ 檔案上傳後便會自動執行去背的動作，完成後會立即顯示去背的結果圖。按下「**下載**」按鈕，即可將去背好的圖片下載到電腦中。若要幫圖片加上背景，可以按下「**背景**」按鈕，選擇要使用的背景。

PicWish

　　PicWish使用了AI技術，能自動辨識圖片需要保留的主體並移除背景。進入網站後(https://picwish.com/tw/)，按下「**一鍵自動去背**」按鈕，再按下「**上傳圖片**」按鈕，選擇圖片，上傳完成後，便會進行去背的動作。

Fotor

　　Fotor是一款免費的線上修圖軟體，只要上傳圖片，即可輕鬆完成各種圖片編輯。進入Fotor網站(https://www.fotor.com/tw/)，按下「**AI工具**」選單鈕，點選「**線上去背**」，再按下「**上傳圖片**」按鈕，選擇要去背的圖片，上傳完成後，便會進行辨識及去背的動作。

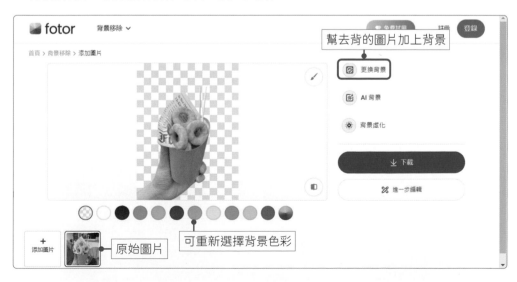

Cutout.pro

Cutout.pro 提供了去背、移除物件、色彩調整、AI 藝術圖產生等工具。要進行圖片去背時，進入網站(https://www.cutout.pro)，按下「**Product→ Image Background Remover**」功能，進入後，再按下「**Upload Image**」按鈕，選擇要去背的圖片，上傳完成後，便會進行辨識及去背的動作。

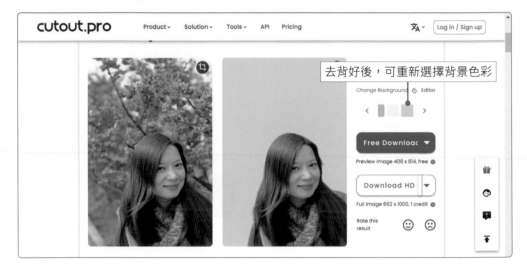

去背好後，可重新選擇背景色彩

5-6 選取範圍的設定

學會了如何選取影像中的物件後，接著透過一些選取範圍的相關設定，就可以讓選取範圍更為精確。

📷 反轉選取範圍

選取的主體背景單純時，可以先利用 🪄 **魔術棒工具**選取單純的背景，再執行「**選取→反轉**」指令(Shift+Ctrl+I)，即可選取到影像中的主體。

連續相近色

連續相近色功能可以擴張選取範圍以包含具有相近顏色的區域。在影像選取好範圍後，執行「**選取→連續相近色**」指令，就會依顏色的相近程度，來擴張選取範圍，而擴張的範圍是依 魔術棒工具中所設定的**容許度**範圍來擴張的。

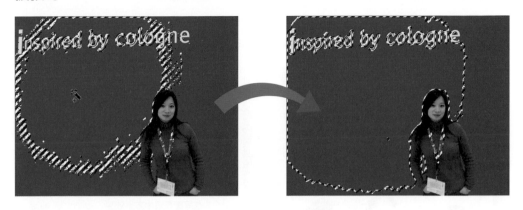

相近色

相近色功能可以選取相鄰區域的相似顏色，若要選取影像上所有跟原選取範圍相近的顏色時，那麼就要使用**相近色**功能。先選取影像上要選取的顏色範圍，再執行「**選取→相近色**」指令，即可選取不相鄰區域的相似顏色。

ch05-23.jpg

 使用 魔術棒工具時，若未勾選**選項列**上的「**連續的**」，那麼在選取第一個白色範圍時，其他不相鄰的白色範圍也會自動被選取。

📷 羽化

　　選取範圍不夠平滑或是有鋸齒時，可以利用**羽化**功能，將選取範圍邊緣模糊化，要羽化選取範圍的邊緣時，可以在進行選取前於**選項列**中的**羽化欄位**中設定，或是當選取範圍選取好後，執行「**選取→修改→羽化**」指令(Shift+F6)，開啟「羽化選取範圍」對話方塊，進行設定。

　　羽化的值設定得越大，則選取範圍內的邊緣就會越模糊，而羽化效果必須在移動、剪下、複製或填色選取範圍之後，才會呈現出羽化的效果。

選取影像中的物件後，執行「**選取→修改→羽化**」指令，即可設定羽化的強度

如果輸入的羽化強度大於現有的選取範圍時，會出現錯誤訊息

ch05-24.jpg

選取影像中的物件後，未經羽化處理的物件，其邊緣較為銳利

選取影像中的物件後，再將羽化強度設定為5，將影像複製到新圖層後，即可看到該影像邊緣被模糊化了 (ch05-24.psd)

📷 幫選取範圍加上邊界

使用「**選取→修改→邊界**」指令，可以在已選取的範圍周邊加上邊框，而邊框的大小可自行設定，設定值介於 **1 到 200 像素**之間，當執行**邊界**指令後，原來的選取範圍會被所設定的邊界選取範圍給取代。

設定好邊界選取範圍後，即可加上特殊效果或填入顏色。本例在邊界選取範圍中填入了白色。

❶ 選取範圍(ch05-25.jpg)　　❷ 執行「**選取→修改→邊界**」指令，將寬度設為 20 像素　　❸ 有了邊界選取範圍後，即可填入顏色，圖為填入白色後的效果(ch05-26.jpg)

🔘 知識補充：在選取範圍中填滿顏色

在選取範圍中填入顏色時，可以執行「**編輯→填滿**」指令(Shift+F5)，開啟「填滿」對話方塊，按下**內容**選單鈕，於選單中選擇「**白色**」，再按下「**確定**」按鈕，即可將選取範圍填入白色。

📷 讓選取範圍變平滑

　　使用 🪄 魔術棒工具選取顏色範圍時，總會有一些深淺不一的顏色無法一起選取，此時可以使用「**選取→修改→平滑**」指令，將一些未選取的範圍一起選取。

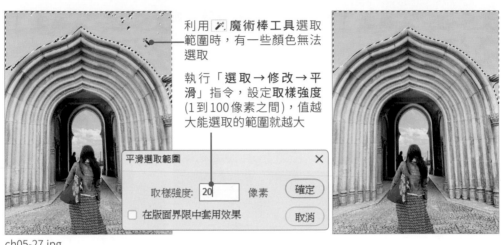

利用 🪄 魔術棒工具選取範圍時，有一些顏色無法選取

執行「**選取→修改→平滑**」指令，設定**取樣強度**(1到100像素之間)，值越大能選取的範圍就越大

ch05-27.jpg

📷 擴張與縮減選取範圍

　　擴張選取範圍時，可以執行「**選取→修改→擴張**」指令，設定擴張的距離；若要縮減選取範圍時，則執行「**選取→修改→縮減**」指令，設定內縮的距離。設定時皆以**像素**為單位，範圍介於**1**到**100像素**之間。

ch05-28.jpg

原選取範圍　　　　　　　執行**擴張**指令，擴張**5**像素　　　執行**縮減**指令，縮減**5**像素

📷 儲存與載入選取範圍

建立好的選取範圍，若日後還會使用相同的選取範圍時，可以先將它儲存起來，要使用時再載入即可。要儲存選取範圍時，執行「**選取→儲存選取範圍**」指令，開啟「儲存選取範圍」對話方塊，設定儲存名稱，設定好後按下「**確定**」按鈕，在**色版面板**中便會新增一個色版。

ch05-29.jpg

選取範圍儲存好後，若要載入選取範圍時，只要在**色板面板**中，選取儲存的範圍，再按下 ⊙ **載入色版為選取範圍**按鈕，或執行「**選取→載入選取範圍**」指令，即可選擇要載入的色版。

選取色版後，按下此鈕即可
載入選取範圍

要將選取範圍保存在檔案中時，檔案要儲存為 PSD、TIFF、PSB、PDF 等格式，並在「另存新檔」對話方塊中，將「**Alpha色版**」選項勾選。

5-7 移動與複製影像

　　建立選取範圍後,再使用移動與複製等功能,即可進行影像合成的動作,接下來這節就來學習這些功能的使用技巧吧!

使用移動工具搬移與複製影像

　　使用 ⊕ 移動工具可以將選取範圍移動到其他位置,點選工具面板的 ⊕ 移動工具後,將滑鼠游標移至選取範圍上,再拖曳選取範圍,即可搬移選取的影像。

ch05-30.jpg

❷ 按著**滑鼠左鍵**不放,並拖曳滑鼠即可移動選取範圍

❶ 選取好要移動的範圍,點選 ⊕ 移動工具後,將滑鼠游標移至選取範圍上

　　搬移選取範圍後,原選取範圍內的影像就會被移除,並填入**背景色**,而導致影像被破壞,此時可以使用複製的功能,來複製選取範圍,解決影像被移除的問題。若要複製選取範圍時,只要在使用 ⊕ 移動工具時,按著 Alt 鍵不放,再拖曳選取範圍,即可複製一份選取範圍到新的位置上。

使用 ⊕ 移動工具複製選取範圍至新的位置上

ch05-31.jpg

使用**工具面板**中其他工具時,若要拖曳選取範,可以按下 Ctrl 鍵,搬移選取範圍;按下 Ctrl+Alt 鍵,則可以複製選取範圍。

📷 將影像複製到其他影像視窗中

　　使用 ⊕ **移動工具**還可以直接將選取範圍以拖曳的方式複製到其他影像視窗中，利用此方法即可完成影像合成的效果喔！

　　以 **ch05-32.tif** 為例，先選取影像中的人物 (該選取範圍已儲存，可執行「**選取→載入選取範圍**」指令，載入選取範圍)，並將選取範圍直接拖曳到 **ch05-33.jpg** 中，即可將人物合成到另一個影像中。

ch05-32.tif

ch05-33.jpg

① 選取影像中的人物，點選 ⊕ **移動工具**，將滑鼠游標移至選取範圍上

② 將人物拖曳到目的影像，此時滑鼠游標會有個加號，表示要將選取範圍複製到影像中

③ 影像加入後，再使用 ⊕ **移動工具**將影像移動到適當位置

　　選取範圍也可以複製到其他 Adobe 相關的應用軟體中，例如：Illustrator。

　　將選取範圍複製到另一個影像視窗時，會自動建立一個新圖層，擺放複製過來的物件，若要調整物件的位置時，點選 ⊕ **移動工具**後，將滑鼠游標移至物件上，再按著**滑鼠左鍵**不放，並拖曳物件即可調整位置。

　　將選取範圍複製到其他影像視窗時，也可以使用快速鍵來進行，或是使用「**編輯**」功能中的**剪下** (Ctrl+X)、**貼上** (Ctrl+V)、**拷貝** (Ctrl+C)、**選擇性貼上**等指令來進行影像的搬移與複製。

ch05-33.psd

5-8 變形影像

使用**變形**功能可以對物件進行縮放、旋轉、傾斜、扭曲、透視及彎曲等調整，而這些調整功能有助於進行影像合成的工作。

📷 使用變形指令

建立好選取範圍後，執行「**編輯→變形**」指令，即可選擇要使用的變形指令，選擇好後選取範圍就會出現變形選取框，在選取框上有八個控點，利用這些控點即可進行變形的動作。

例如：執行「**縮放**」指令後，將滑鼠游標移至控點上，再拖曳控點，即可調整影像的大小。

進行縮放時，若點選**選項列**上 ☜ **維持長寬等比例**按鈕，那麼縮放時不管是拖曳那個控點，都會以等比例縮放；若未點選該按鈕，可以按著 Shift 鍵不放，進行等比例縮放。

1 執行「**編輯→變形→縮放**」指令，物件會出現變形選取框 (ch05-34.jpg)

2 將滑鼠游標移至右下角的控點，並拖曳滑鼠，即可等比例縮放物件

3 縮放好後，將滑鼠游標移至物件上，並拖曳物件即可調整位置。按下 Enter 鍵，物件就會套用變形效果並取消變形選取框

📷 旋轉影像

執行「**編輯→變形→旋轉**」指令,可以自由旋轉影像,在旋轉時會標示出旋轉的角度,若配合 Shift 鍵,則旋轉影像時會以 **15 度角**為單位來旋轉。

執行「**編輯→變形→旋轉**」指令,將滑鼠移至控點或變形選取框外圍,拖曳滑鼠即可自由旋轉影像的角度

ch05-35.jpg

📷 傾斜

執行「**編輯→變形→傾斜**」指令,可以矯正照片中物件傾斜的問題,調整時配合 Alt 鍵,可以對稱調整傾斜。

❶ 執行「**編輯→變形→傾斜**」指令,將滑鼠移至控點(ch05-36.jpg)

❷ 拖曳控點矯正傾斜問題

❸ 矯正好後,再使用裁切功能將影像進行裁切的動作(ch05-37.jpg)

 當針對整張影像進行旋轉、傾斜、扭曲、透視等動作時,調整後影像中都會出現空白(背景色),此時可以利用裁切功能,來解決空白的問題。

📷 扭曲

執行「**編輯→變形→扭曲**」指令,可以朝四面八方延伸影像,調整時配合 Shift 鍵,只能讓控點沿變形選取框的邊線方向移動,配合 Alt 鍵,則可以對稱調整扭曲效果。

ch05-38.psd

將滑鼠游標移至控點上,拖曳滑鼠進行扭曲的調整。調整好後按下 Enter 鍵,完成扭曲的設定

進行影像變形設定時,若要取消變形設定可以按下 Esc 鍵。

ch05-39.psd

📷 透視

執行「**編輯→變形→透視**」指令,可以調整由下往上拍攝所造成的上面小下面大的變形影像,或是將某物件調整成透視效果。

ch05-40.psd   ch05-41.psd

將滑鼠游標移至控點上,拖曳滑鼠進行透視的調整。調整好後按下 Enter 鍵,完成透視的設定

📷 彎曲

執行「**編輯→變形→彎曲**」指令,可以將影像包覆在各種形狀上。使用**彎曲**指令時,影像上會出現兩種控點及變形網格,拖曳四周的控點可以調整傾斜的角度,拖曳黑色圓形控點,可以調整邊緣的彎曲程度,而拖曳網格則可以調整影像內部的彎曲效果。

❶ 執行**彎曲**指令後,會出現兩種控點及變形網格 (ch05-42.psd)

❷ 拖曳控點及變形網格,即可進行彎曲、延伸及扭曲的調整

❸ 調整好後按下 **Enter** 鍵,完成設定 (ch05-43.psd)

進行彎曲變形時,可以按下**選項列**上的**彎曲**選單鈕,套用現成的彎曲變形效果,例如:波形效果、魚眼、膨脹、擠壓、圓柱體等。

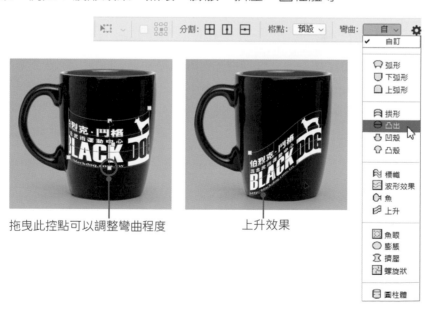

拖曳此控點可以調整彎曲程度　　　　　上升效果

任意變形

執行「**編輯→任意變形**」指令(Ctrl+T)，即可將影像進行自由變形的動作，而在進行變形時，配合下表所列的按鍵，即可轉換變形模式。

按鍵	變形類型	操作方式
Shift	縮放	按著 Shift 鍵，拖曳控點，即可等比例縮放影像。
	旋轉	按著 Shift 鍵，拖曳旋轉控點，可以以15°的倍數旋轉。
Ctrl+Shift	傾斜	按著 Ctrl+Shift 鍵，拖曳側邊控點時，可傾斜影像。
Alt	扭曲	按著 Alt 鍵，拖曳控點，可對稱式的扭曲影像。
Ctrl	扭曲	按著 Ctrl 鍵，拖曳控點，可任意扭曲影像。
Ctrl+Alt+Shift	透視	按著 Ctrl+Alt+Shift 鍵，拖曳控點時，可透視變形影像。

使用任意變形時，也可以在變形**選項列**中進行變形的設定。

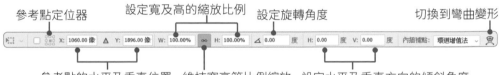

參考點定位器　　設定寬及高的縮放比例　　設定旋轉角度　　　　　　切換到彎曲變形

參考點的水平及垂直位置　維持寬高等比例縮放　設定水平及垂直方向的傾斜角度

內容感知比率

使用**內容感知比率**功能可以在縮放影像時，不用擔心影像產生變形的問題。以 ch05-44.jpg 為例，將原本的相片，改為寬螢幕照片時，若用任意變形調整時，影像中的景物或人物皆會被擠壓，若改用內容感知比率來縮放時，則會依合理的比例來調整。

使用**任意變形**調整影像時，景物或人物皆明顯變形

使用**內容感知比率**調整影像時，景物或人物幾乎沒有變形

1 開啟 ch05-44.jpg 檔案，執行「**影像→版面尺寸**」指令，這裡先將影像版面向左擴展 20%，設定好後按下「**確定**」按鈕。

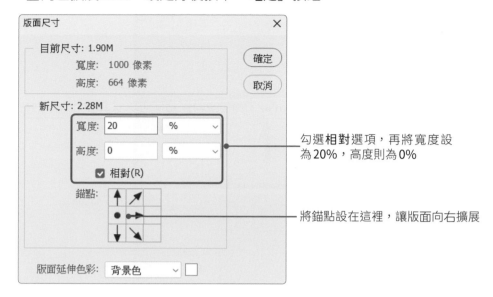

勾選**相對**選項，再將寬度設為 20%，高度則為 0%

將錨點設在這裡，讓版面向右擴展

2 版面擴展好後，使用選取工具選取影像，選取好後執行「**編輯→內容感知比率**」指令 (Alt+Shift+Ctrl+C)，選取範圍就會顯示變形選取框。

3 將滑鼠游標移至右邊的控點，並往右拖曳滑鼠到版面的邊界。

④ 調整完後按下 Enter 鍵，完成變形的設定。

ch05-45.jpg

使用內容感知比率
縮放影像，影像中
的人物還能保持原
來的比例

　　使用內容感知比率時，還可以先至**選項列**中進行總量、保護及保護皮膚色調的設定，分別說明如下：

☐ **總量**：可以設定扭曲的程度，數值越小，影像中的主體就會變形得越嚴重。

☐ **保護**：進行**內容感知比率**設定時，可以先將影像中想要保護，不讓它變形的範圍選起來，再將選取範圍儲存，這樣就可以按下**保護**選單鈕，於選單中選擇要保護的選取範圍。

☐ **保護皮膚色調**：可以保留影像中人物的皮膚色調選取範圍不變形，不過它偵測的結果並不是很理想，所以若要保護人物不變形時，可以先將人物的選取範圍儲存起來，再於**保護**選單鈕中選擇。

保護皮膚色調

5-9 綜合應用－影像合成

　　學習了選取、移動、橡皮擦工具及變形的使用技巧後，接著就將這些技巧整合應用到去背、影像合成等製作吧！

　　要將照片進行去背時，可以使用各種選取工具交叉應用，如此才能精準地完成去背的處理。這裡以 ch05-46.jpg 為例，擷取出照片中的人物，並合成至 ch05-47.jpg 照片中。

ch05-46.jpg

ch05-47.psd

❶ 首先選取出照片中的人物。點選**工具面板**的 🔲**物件選取工具**，拖曳出要選取的範圍，或直接按下**相關工作列**上的**選取主體**按鈕，便會自動判斷要選取的主體。

② 選取了人物範圍後，按下 **Ctrl++** 快速鍵，將影像放大檢視，會發現人物週邊有一些非常細微的範圍被選取或沒被選取，此時要將這些範圍從選取範圍中減去或增加。

③ 點選**工具版面**上的 ☑ **快速選取工具**，按下**選項列**上的 ☑ **從選取範圍中減去**按鈕，或按著 Alt 鍵不放，再去選取要減去的範圍；按下**選項列**上的 ☑ **增加至選取範圍**按鈕，於照片中選取要加入範圍。

選取要減去的範圍

於照片中選取要加入範圍

④ 選取範圍修整完後，執行「**選取→修改→平滑**」指令，將**取樣強度**設定為 **2 像素**，減少選取範圍邊框中的鋸齒邊緣，設定好後按下「**確定**」按鈕。

⑤ 按下 **Ctrl+C** 快速鍵，複製選取範圍，再進入 **ch05-47.jpg** 影像中，按下 **Ctrl+V** 快速鍵，將選取範圍複製到該影像中。此時會發現複製過來的影像大小與照片不符，接下來要進行影像變形的動作。請按下 **Ctrl+T** 快速鍵，選取人物，調整人物的大小。

按下 **Ctrl+T** 快速鍵，選取人物，調整人物的大小

⑥ 調整好後，再將人物移動到適當的位置，最後按下 **Enter** 鍵，完成大小的調整與移動。

將人物移動到適當的位置

按下 **Enter** 鍵完成大小的調整與移動

7 人物大小與位置都調整好後，再仔細觀察，會發現人物的色調與照片不太相同，此時可以利用各種調整功能，來調整人物的色調。

8 執行「**調整→色階**」指令，將人物的色調稍微調暗一點，這樣兩張照片的色調就會比較一致。

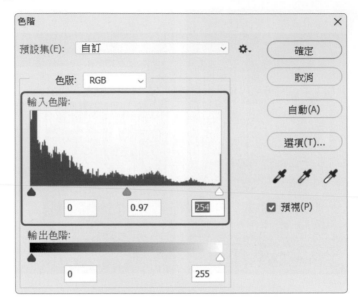

9 照片都調整好後，最後別忘了將檔案儲存起來。

自 我 評 量

選擇題

( )1. 使用矩形選取畫面工具要選取出正方形範圍時,要配合以下哪個按鍵來進行? (A) Shift (B) Ctrl (C) Alt (D) Shift+Alt。

( )2. 要取消影像中的選取範圍時,可以使用下列哪組快速鍵? (A) Ctrl+A (B) Ctrl+B (C) Ctrl+C (D) Ctrl+D。

( )3. 使用水平與垂直單線選取畫面工具選取範圍時,可以選取出多少像素的水平或垂直線? (A) 1像素 (B) 2像素 (C) 3像素 (D) 沒有限制。

( )4. 若要在現有的選取範圍中減少選取範圍時,可以使用下列哪個按鍵? (A) Shift (B) Ctrl (C) Alt (D) Tab。

( )5. 下列哪種選取工具適用於各種以直線線條構成的物件之選取? (A)套索工具 (B)多邊形套索工具 (C)磁性套索工具 (D)魔術棒工具。

( )6. 下列哪種選取工具適用選取影像中的某個相似色彩範圍時? (A)套索工具 (B)多邊形套索工具 (C)磁性套索工具 (D)魔術棒工具。

( )7. 要將選取範圍邊緣模糊化時,可以調整以下何項設定值? (A)平滑 (B)邊界 (C)羽化 (D)擴張。

( )8. 若要將選取範圍保存在檔案中時,要將檔案儲存為? (A) GIF (B) TIFF (C) JPG (D) PNG。

( )9. 使用移動工具複製選取範圍時,可以使用下列哪個按鍵? (A)Shift (B) Ctrl (C) Alt (D) Tab。

( )10.下列關於橡皮擦工具的敘述,何者不正確? (A)會將被擦拭掉的影像改以背景色或透明取代 (B)如果是在背景圖層使用時,被擦拭掉的影像會以前景色取代 (C)如果是在其他圖層上進行擦拭時,則被擦拭的影像會變成透明 (D)擦拭模式有筆刷、鉛筆及區塊模式,其中區模塊式無法設定筆刷樣式、不透明及流量。

( )11.執行「編輯→變形→旋轉」指令,可以自由旋轉影像,在旋轉時若配合「Shift」鍵,則旋轉影像時會以幾度角為單位來旋轉? (A) 15° (B) 45° (C) 60° (D) 90°。

( )12.下列何者變形效果可將影像製造出魚眼效果? (A)扭曲 (B)彎曲 (C)傾斜 (D)透視。

◎ 實作題

1. 將「CH05 → ch05-a.jpg」照片中的人物合成至「CH05 → ch05-b.jpg」照片中。

2. 開啟「CH05 → ch05-c.jpg」檔案，請將藍天轉變成日落。

3. 開啟「CH05 → ch05-d.psd」檔案，將 logo 圖層內的照片包覆在杯子中。

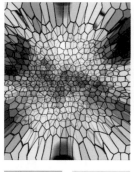

CHAPTER06

數位影像的修復與潤飾

6-1 仿製印章工具與圖樣印章工具

仿製印章工具可以將指定影像範圍複製到同一影像、另一張影像或不同圖層中，很適合用來複製物體或移除影像中的瑕疵；而**圖樣印章工具**則可以將圖樣像蓋印章般地在影像中蓋印重複的圖樣。

仿製印章工具的設定

點選**工具面板**上的 仿製印章工具後，即可於**選項列**進行相關的設定，各種設定選項說明如下：

Ⓐ 筆刷：選擇仿製時要使用的筆刷樣式與大小。

Ⓑ 切換筆刷面板：開啟筆刷面板。

Ⓒ 切換仿製來源面板：開啟**仿製來源面板**，進行多個仿製來源的設定。

Ⓓ 模式：選擇仿製時要使用的混合模式。

Ⓔ 不透明：設定仿製時的不透明度，數值越大越不透明，100% 表示完全不透明。

Ⓕ 流量：設定筆刷套用顏料的速率，數值越大，表示一次流出的顏料越接近來源影像；數值越小，則一次流出的顏料越少，那麼就必須反覆塗抹同一位置，才能讓複製出的影像之濃度、色彩飽和度達到與來源影像相同的程度。

Ⓖ 啟動噴槍功能：會啟動模擬槍效果來繪製影像。

Ⓗ 對齊：在仿製過程中放開**滑鼠左鍵**，當再進行仿製時，都會從原始的相對位置繼續仿製；若未勾選時，則放開**滑鼠左鍵**，再進行仿製時，都會從再按下滑鼠的位置重新仿製來源起點。

Ⓘ 樣本：可選擇要取樣的圖層。選擇**目前圖層**時，只會從作用圖層取樣；選擇**目前及底下的圖層**時，則會從作用圖層及下一層圖層中取樣；選擇**全部圖層**時，會從所有可見圖層中取樣(調整圖層除外)。

Ⓙ 忽略調整圖層：若取樣的圖層上有建立調整圖層時，按下此鈕，可以將調整圖層的效果隱藏，只取樣原圖層的內容。

📷 使用仿製印章工具複製影像

使用 📋 **仿製印章工具**時，要先在影像上設定**取樣點**(複製來源)，然後再到目的影像中繪製，即可完成影像的仿製動作。這裡以 **ch06-01.jpg** 為例，將照片中的果實仿製到另外一個位置。

1 點選**工具面板**上的 📋 **仿製印章工具**，按著 Alt 鍵，將滑鼠游標移到仿製來源位置，按一下**滑鼠左鍵**，設定取樣點。

設定取樣點

2 設定好取樣點後，滑鼠游標內會顯示取樣點的影像，接著請在目的地按著**滑鼠左鍵**不放，開始進行塗抹的動作。塗抹時，在仿製來源的位置上會有參考指標，而參考指標所經過的位置就是被仿製的影像。

ch06-02.jpg

移動滑鼠時，參考指標也會跟著移動

在目的地按著**滑鼠左鍵**不放，即可開始進行塗抹的動作

使用 📋 **仿製印章工具**複製影像的結果

 如果要複製的影像在另一張影像中，先將來源影像設定取樣點後，再切換至目的影像進行塗抹的動作即可。

📷 將多個仿製來源複製到影像中

　　使用 📌 仿製印章工具時，可以按下 📌 切換仿製來源面板按鈕，開啟仿製來源面板，在面板中一次可以設定 5 組來源影像 (取樣點)，讓我們快速選擇要使用的來源影像，而不用每次都要切換到不同影像中進行取樣的動作，且在關閉影像之前，這些取樣點都會儲存在仿製來源面板中。

　　要將多個仿製來源複製到影像時，要先將所有的仿製來源設定到仿製來源面板中，這樣才能快速地取用。按下仿製印章工具選項列上的 📌 按鈕，或執行「視窗→仿製來源」指令，開啟仿製來源面板，即可設定每個影像的取樣點。

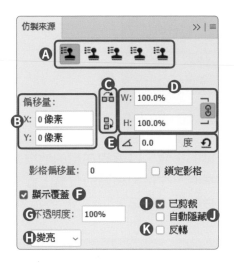

Ⓐ 仿製來源影像，一個圖示代表一個影像。
Ⓑ 設定仿製來源與目的影像的相對位置。
Ⓒ 將複製的影像進行水平及垂直翻轉。
Ⓓ 設定仿製影像大小。
Ⓔ 設定仿製影像的角度。
Ⓕ 勾選時可以預覽來源影像。
Ⓖ 設定仿製影像時的不透明度。
Ⓗ 選擇仿製影像時的混合模式 (正常、變亮、變暗、差異化)。
Ⓘ 勾選時預覽影像會剪裁至筆刷大小，未勾選則可預覽整張來源影像內容。
Ⓙ 勾選時開始仿製會自動隱藏預覽圖。
Ⓚ 勾選時可反轉預覽圖的色彩。

　　設定好所有的來源影像後，就可以將這些來源影像分別仿製到目的影像上，而進行仿製時，還可以針對來源影像設定大小、透明度、混合模式等。

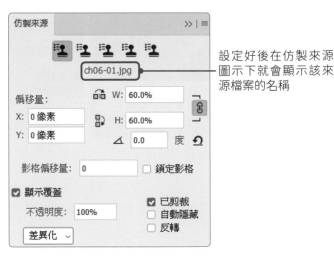

設定好後在仿製來源圖示下就會顯示該來源檔案的名稱

🖼 圖樣印章工具

　　圖樣印章工具與 仿製印章工具的使用方式差不多，只不過 圖樣印章工具的複製來源是**圖樣**，這裡就來看看該如何使用圖樣印章工具。

認識圖樣

　　使用圖樣可以重複排列相同的圖案，形成一張圖。Photoshop 預設了一些圖樣範本，讓我們可以將圖樣填入到指定的物件或選取範圍中。

　　執行「**視窗→圖樣**」指令，開啟**圖樣面板**，在面板中可以看到預設的圖樣，按下 ≡ 面板選單鈕，可以開啟圖樣選單，設定圖樣縮圖的顯示方式、載入圖樣等。

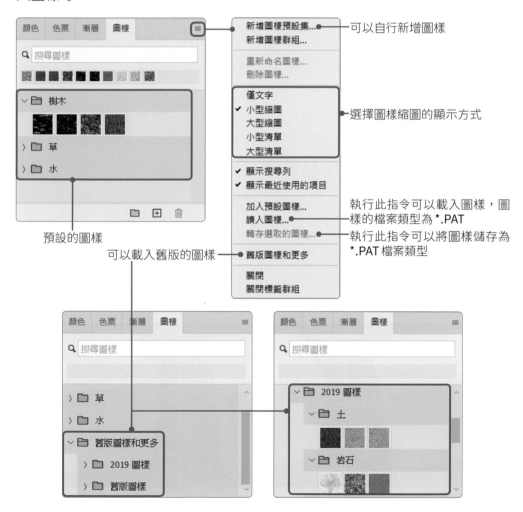

可以自行新增圖樣

選擇圖樣縮圖的顯示方式

執行此指令可以載入圖樣，圖樣的檔案類型為 ***.PAT**

執行此指令可以將圖樣儲存為 ***.PAT** 檔案類型

預設的圖樣

可以載入舊版的圖樣

自訂圖樣

如果內建的圖樣都沒有適合的，那麼可以自行定義圖案。定義圖樣時，可以直接在影像中選取要定義的範圍，但選取範圍必須是**矩形**區域，羽化必須設定為**0個像素**。先將要定義為圖樣的影像選取，再執行「**編輯→定義圖案**」指令，開啟「圖樣名稱」對話方塊，設定一個名稱，設定好後按下「**確定**」按鈕，完成自訂圖樣。

ch06-03.jpg

圖樣印章工具的使用

使用 圖樣印章工具時，可先選取要蓋印圖樣的範圍，這樣在蓋印時就不必擔心會將圖樣蓋到範圍以外的區域。

使用前先於**選項列**中進行筆刷大小、混合模式、不透明度等設定，設定好後按下**圖樣項目**選單鈕，於選單中選擇要使用的圖樣。若將**印象派**選項勾選，那麼蓋印圖樣時，會產生抽象效果。

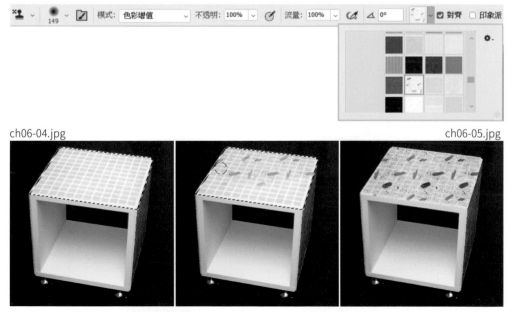

ch06-04.jpg

ch06-05.jpg

使用選取工具，選取要蓋印的範圍，即可在選取範圍中來回塗抹，將圖樣蓋印到選取範圍中

6-2 影像修復－局部修復工具

Photoshop 提供了一系列的局部修補工具，可以用來修補影像的瑕疵或移除影像中的雜物，這節就來學習該如何使用這些修復工具吧！

污點修復筆刷工具

污點修復筆刷工具會自動從要修復的範圍周邊隨機取樣，來進行修復的動作，且修復時會保留修復區原本的明暗度及細節。以下圖為例，要修復嘴唇上的傷口時，那麼只要將筆刷設定為可以涵蓋傷口的大小，再於傷口上按下**滑鼠左鍵**，即可把傷口修掉。

❶ 在 污點修復筆刷工具的**選項列**設定筆刷大小，大小設定為可以涵蓋傷口的大小(ch06-06.jpg)

❷ 在傷口上按下**滑鼠左鍵**即可將傷口修掉(ch06-07.jpg)

在**選項列**中可以選擇適合的修復類型，提供了**內容感知、建立紋理、近似符合**等類型，分別說明如下：

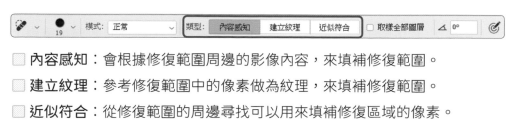

內容感知：會根據修復範圍周邊的影像內容，來填補修復範圍。

建立紋理：參考修復範圍中的像素做為紋理，來填補修復範圍。

近似符合：從修復範圍的周邊尋找可以用來填補修復區域的像素。

移除工具

移除工具可以移除影像中多餘的部分，該工具使用了智慧技術，使用者以筆刷刷過不想要的物件時會將該物件移除，並自動填滿背景，同時在背景中保留物件的完整性和深度。

使用時可以在**選項列**中，先設定筆刷大小，設定時請將筆刷大小設定得比要移除的範圍稍微大些，如此才能一筆刷過整個範圍。

設定筆刷大小 　　　　　　　 勾選表示要在筆刷刷動後立即套用填色

❶ 按著**滑鼠左鍵**不放並拖曳筆刷至要去除的任何區域(ch06-08.jpg)

❷ 放掉滑鼠左鍵後，被覆蓋的區域就會被去除(ch06-09.jpg)

 使用移除工具時，也可以在想要移除的物件周圍塗刷出一個封閉環圈，這裡筆刷底下及環圈內的任何內容均會被移除。

修復筆刷工具

修復筆刷工具可以使用原影像或其他影像的局部來進行修復的動作，其使用方法與仿製印章工具一樣，要先設定取樣點，也可以使用**仿製來源面板**，設定1至5個取樣點。

不過，仿製印章工具是將原影像一模一樣地複製，而修復筆刷工具還會保留原影像的的紋理、光源、透明度和陰影等，讓修復結果更能融入原影像。

ch06-10.jpg

ch06-11.jpg

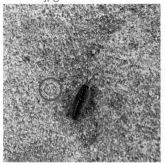  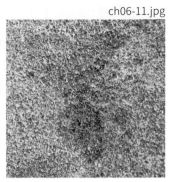

1 點選**工具面板**上的 **修復筆刷工具**，將滑鼠游標移至岩石上，按著 Alt 鍵，再按下**滑鼠左鍵**，完成取樣

2 在要修復的位置上，按著**滑鼠左鍵**不放，塗抹要修復的範圍。放開**滑鼠左鍵**後，修復範圍會補上取樣點的影像，並保留原影像的明亮度

3 接著再進行取樣設定，完成其他範圍的修補

　　 修復筆刷工具除了以**取樣**方式設定來源影像外，還可以把圖樣當做來源影像，在**選項列**點選**圖樣**，即可選擇要使用的圖樣，來進行修復的動作。

　　以 **ch06-12.tif** 為例，先將牆面選取，至**修復筆刷工具選項列**中設定筆刷大小、選擇**色彩增值**混合模式，點選**圖樣**，再選擇要使用的圖樣，都設定好後，即可於選取範圍中塗抹，就可以改變牆面的材質及紋理了。

ch06-12.tif

ch06-13.tif

1 選取要加入圖樣的範圍（可直接載入**牆壁**）

2 在選取範圍中塗抹

3 塗抹完成後放開**滑鼠左鍵**，即可完成圖樣修復

📷 使用修補工具移除路人甲

　　🔲 **修補工具**可以使用原影像或圖樣來修補影像，功能與 ✏️ **修復筆刷工具**類似，在修補時可以保留被修復範圍的明亮度，不過使用 🔲 **修補工具**時，必須先圈選出影像範圍。這裡以 **ch06-14.jpg** 為例，將照片中右下角的人物移除。

1 點選**工具面板**上的 🔲 **修補工具**，按下**選項列**的**修補**選單鈕，選擇**正常**模式，點選**來源**選項。

　　　　　　　　　　　　點選此選項會將選取範圍設為來源影像

2 於影像中圈選出要修補的範圍，可以使用 🔲 **修補工具**直接圈選，或是使用選取工具圈選範圍。

3 範圍圈選好後，將滑鼠游標移至選取範圍，按著**滑鼠左鍵**不放，將選取範圍往左移到要仿製的來源影像，修補區便會自動複製來源區域的影像。

4 若修補的不理想，可以重複步驟3的動作，讓修補區再進行修補的動作。

修補前　　　　　　　　　　　　　修補後(ch06-15.jpg)

　💻 修補工具的來源影像與目的影像必須在同一個檔案中。

　　上述修補方式是先選取出修補範圍，再移動選取範圍到要仿製的來源影像，進行修補的動作，若將**選項列**中的**修補項目**更改為**目的地**時，則會將選取範圍設定為來源影像，移動選取範圍後，就可以將選取範圍內的影像複製到其他位置。

選取範圍後，將**修補項目**設為**目的地**，移動選取範圍至其他位置時，選取範圍內的影像會被複製過來

　💻 修補工具也可以將選取範圍填入**圖樣**，當選取好要修補的範圍後，按下**選項列**上的圖樣選單鈕，選擇要使用的圖樣，再按下**使用圖樣**按鈕，即可將修補範圍填入圖樣。

🔲 內容感知移動工具

　　⟡內容感知移動工具可以在複製或搬移物件時,將物件融入目的地的背景,且原本物件所在位置也會自動根據背景來填滿,而不會填入背景色。

　　⟡內容感知移動工具提供了**延伸**與**移動**模式,前者可以複製物件,後者則為搬移物件,在使用前,先至**選項列**中進行模式設定。

　　　　　提供了延伸與移動模式　　調整來源結構的保留嚴格程度,最大值為7

　　選取範圍設定好後,在**選項列**中設定模式,例如:延伸,再將滑鼠游標移至選取範圍上,往要放置的位置拖曳,拖曳好後,按下Enter鍵,完成物件的移動。

❶ 建立選取範圍(ch06-16.jpg)

❷ 模式設定好後,拖曳選取範圍至要放置的位置

❸ 位置確認後,按下Enter鍵,完成移動

ch06-17.jpg

6-3 模糊、銳利化及指尖工具

要將影像進行局部的潤飾時，可以使用**模糊、銳利化**及**指尖工具**來改善或加強局部影像。

📷 模糊工具

🔵 **模糊工具**可以減少像素之間的顏色對比，將影像製作出模糊的效果，該工具很適合用來淡化人像的笑紋、魚尾紋或皺紋等，當然也可以將背景模糊化，製造出淺景深效果。

點選**工具面板**上的🔵**模糊工具**，於**選項列**設定筆刷樣式及大小，再設定模糊的強度，設定好後，將滑鼠游標移至要潤飾的位置，再按著**滑鼠左鍵**不放，在影像上塗抹即可，塗抹得越多次，就會變得越模糊。

設定筆刷的樣式及尺寸　　選擇混合模式　　設定模糊的強度

原影像 (ch06-18.jpg)

使用🔵**模糊工具**淡化臉上的皺紋及笑紋等瑕疵

結果圖 (ch06-19.jpg)

要將照片製造出淺景深的效果時，可以選取主體以外的範圍，再於選取範圍內使用🔵**模糊工具**塗抹，即可將背景模糊化。

原影像 (ch06-20.jpg)

使用🔵**模糊工具**塗抹選取區

背景模糊效果 (ch06-21.jpg)

📷 銳利化工具

要補救照片中失焦的範圍時,可以使用 🔺 **銳利化工具**增加影像邊緣的對比,讓影像看起來更為清晰銳利。點選 🔺 **銳利化工具**後,再於**選項列**設定筆刷大小、混合模式及強度等,設定好後,將滑鼠游標移至要加強銳利化的位置,按著**滑鼠左鍵**不放,在影像上塗抹即可,塗抹得越多次,就會變得越銳利。

| 設定筆刷的樣式及尺寸 | 選擇混合模式 | 設定銳利化的強度 |

原影像(ch06-22.jpg)   使用了 🔺 **銳利化工具**   結果圖(ch06-23.jpg)

📷 指尖工具

🖐 **指尖工具**會模擬手指在溼顏料上塗抹時所產生的效果,就像在畫水彩畫一樣。點選 🖐 **指尖工具**後,即可至**選項列**設定筆刷大小、混合模式及強度等,設定好後,即可在影像上進行塗抹。

勾選時,在每一個筆畫起始處使用前景色進行塗抹;若取消勾選,則會以指標所在像素的色彩做為塗抹的顏色

設定筆刷的樣式及尺寸   選擇混合模式   設定塗抹的強度

原影像(ch06-24.jpg)   使用了 🖐 **指尖工具**(ch06-25.jpg)

6-4 加亮、加深及海綿工具

要加強影像局部的明亮度或是色彩飽和度時，可以使用**加亮、加深及海綿工具**來進行局部的調整。

加亮工具及加深工具

加亮工具可以將影像局部**變亮**；而 **加深工具**則可以將影像局部**變暗**，這兩個工具的使用方法大致上相同，點選工具後，將滑鼠游標移至影像中要調整的範圍並塗抹即可，而這兩項工具的**選項列**設定也是一樣。

加亮工具選項列

選擇繪圖模式，**中間調**可以更改灰階的中間色調；**陰影**可以更改暗部色調；**亮部**可以更改亮部色調

設定加亮工具及加深工具要加亮或加深的強度

將此選項勾選時，可以防止顏色發生色偏

加深工具選項列

原影像 (ch06-26.jpg)

ch06-27.jpg

使用 **加亮工具**將海加亮的結果

使用 **加深工具**將岩石變暗的結果

海綿工具

海綿工具可以變更某一個區域的色彩飽和度,若要調整的影像為**灰階**模式時,會將灰色色階拖離或拖近中間灰色區域,以增加或降低對比。點選海綿工具後,即可於**選項列**進行設定,設定好後,將滑鼠游標移至影像中要調整的範圍並塗抹即可。

模式:選擇去色或加色,前者會增加色彩的飽和度;後者則會降低色彩的飽和度

流量:設定海綿工具增加或減少飽和的程度

自然飽和度:將此選項勾選時,會將飽和度較低的顏色,增加飽和度,以防止皮膚色調變得過度飽和

原影像(ch06-28.jpg)

木盒使用**去色**模式降低飽和度;木盒裡的木頭則使用**加色**模式加強飽和度(ch06-29.jpg)

6-5 油漆桶工具

使用**油漆桶工具**可以將指定的色彩及圖樣倒入影像中,通常用來進行某個區域的顏色變更時,這節就來學習**油漆桶工具**的使用技巧吧!

油漆桶工具的設定

點選**工具面板**上的 油漆桶工具後,即可於**選項列**進行相關的設定,各種設定選項說明如下:

Ⓐ **填滿**：選擇要以前景色或圖樣來填色。

Ⓑ **圖樣**：若選擇以圖樣來填色時，在此即可選擇要填色用的圖案。

Ⓒ **模式**：選擇填色時要使用的混合模式。

Ⓓ **不透明**：設定填入顏色時的不透明度，數值越大越不透明。

Ⓔ **容許度**：設定填滿的範圍，較低的容許度會使用非常近似於點選之像素的顏色值來填滿像素；而較高的容許度，則會填滿具有較廣顏色範圍的像素。

Ⓕ **消除鋸齒**：勾選此選項時，可避免填色範圍產生鋸齒邊緣。

Ⓖ **連續的**：勾選此選項時，表示只填色在連續的像素上；若取消此選項，則只要在容許度範圍內的像素，就算不相鄰，也會填入顏色。

Ⓗ **全部圖層**：勾選此選項時，表示會填色到所有的圖層中；若取消此選項，則只能填色到作用中圖層。

📷 填入前景色

了解 🪣 **油漆桶工具**的各項設定後，這裡就來練習填入前景色的方法，請開啟 ch06-30.jpg 檔案，進行以下的練習。

① 先將前景色設定為想要填入的顏色。

 點選即可開啟「檢色器」對話方塊，選擇要使用的顏色

② 再點選**工具面板**上的 🪣 **油漆桶工具**，並於**選項列**按下**填滿**選單鈕，於選單中選擇**前景色**，將**容許度**設定為 30，並將**連續的**勾選取消。

③ 設定好後，將滑鼠游標移至影像中，在想要填色的部分按一下**滑鼠左鍵**，就可以填入前景色了，而這裡會發現填入的前景色並不是很自然。

4 接著要更改填入色彩時的模式，這裡先按下 **Ctrl+Z** 快速鍵，取消剛剛填入的前景色，再按下**選項列**的**模式**選單鈕，於選單中選擇**顏色**。

5 選擇好後再將滑鼠游標移至要填色的部分按一下**滑鼠左鍵**，填入前景色，此時會發現使用**顏色**混合模式自然多了，且車身的亮度及光影都被保留下來了。

顏色模式的混合結果色彩具有基本色彩的明度，以及混合色彩的色相和飽和度

⑥ 再利用相同方式一一填入前景色，在填入的過程中可以隨時修改**容許度**的
設定，來調整填色的範圍。

ch06-31.jpg

填入圖樣

使用 🪣 **油漆桶工具**還可以填入圖樣，只要按下**選項列**的**填滿**選單鈕，於
選單中選擇**圖樣**，開啟**圖樣揀選器**，即可選擇要填入的圖樣。選擇好圖樣，
設定好混合模式後，將滑鼠游標移至要填入圖樣的區域，按一下**滑鼠左鍵**，
即可將圖樣填入。

原影像(ch06-32.jpg)

圖樣填入的結果(混合模式
設定為覆蓋，ch06-33.jpg)

將滑鼠游標移至要填入圖樣的區域，
按一下**滑鼠左鍵**

6-6 填滿功能與內容感知填滿

　　填滿功能與 **油漆桶工具**一樣也可以填入色彩或圖樣，不過**填滿**功能在填入色彩或圖樣時，無法進行容許度、消除鋸齒、連續的等設定，且**填滿**功能大部分都是跟選取工具配合使用的。在填滿功能中，還可以使用**內容感知**來填滿選取範圍，或是修掉影像中的雜物，並迅速填補畫面中的空白，讓影像更完美。

📷 填入顏色

　　這裡以 ch06-34.jpg 為例，改變照片中的繡球花色彩。

1 使用 快速選取工具選取照片中的花。

2 執行「**編輯→填滿**」指令，或按下 **Shift+F5** 快速鍵，開啟「填滿」對話方塊，按下**內容**選單鈕，點選**顏色**。

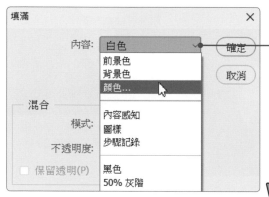

按下使用選單鈕，可以選擇以前景色、背景色、黑色、50% 灰階及白色等顏色填入選取範圍

選取好選取範圍後，按下Delete鍵，也會開啟「填滿」對話方塊。

③ 開啟**檢色器**，選擇要使用的顏色，選擇好後按下「**確定**」按鈕。

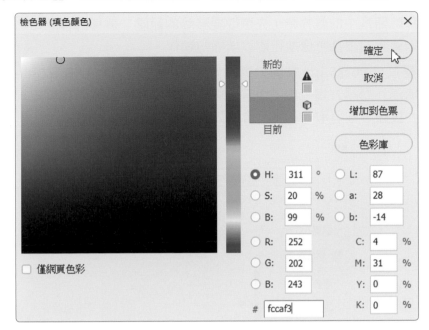

④ 色彩選擇好後，在**混合**選項中按下**模式**選單鈕，選擇要使用的**混合模式**，這裡請選擇**柔光**，選擇好後按下「**確定**」按鈕，即可將選取範圍以**柔光混合模式**填入我們所指定的色彩。

覆蓋混合模式會根據原色彩增加或以濾色篩選顏色，且原色彩並不會被取代，它會與混合色彩混合，保留原始色彩的亮部與陰影細節。

ch06-35.jpg

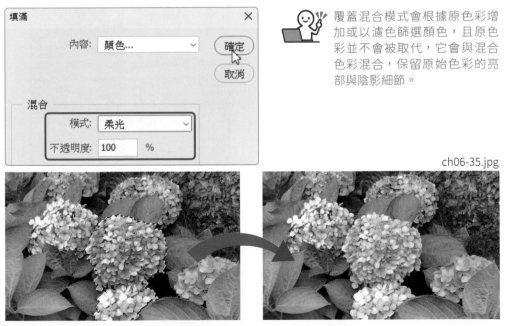

使用內容感知填滿移除照片中的雜物

要移除照片中的雜物時，先選取要移除的範圍，這樣**內容感知**功能才會依據選取範圍的周圍影像進行運算填補的動作。

這裡以 **ch06-36.jpg** 為例，選取好要移除的範圍後，按下 Delete 鍵，開啟「填滿」對話方塊，按下**內容選單鈕**，於選單中點選**內容感知**，再按下「**確定**」按鈕，被選取的範圍就會被周圍影像填滿。

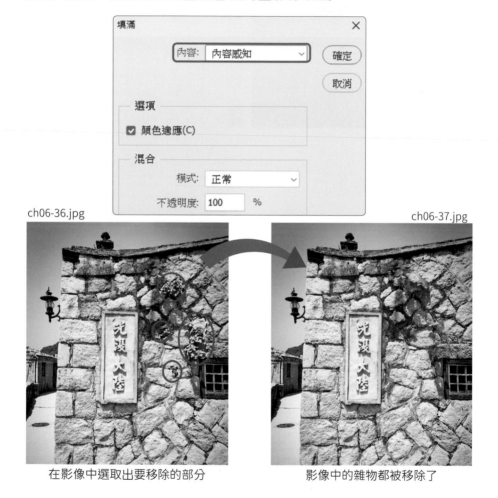

ch06-36.jpg   ch06-37.jpg

在影像中選取出要移除的部分   影像中的雜物都被移除了

使用**內容感知**填滿時，若在較單純的影像中使用，效果非常好，但若使用在要移除的區域周圍太過複雜或景物太多時，效果就不是很理想。若要移除的是線條、欄杆、地磚時，有時線段會有接不起來的情形，此時就要搭配其他修補工具配合使用，才能達到完美的修圖效果。

📷 填補影像旋轉後所產生的空白區域

進行歪斜調整、旋轉及扭曲整張影像時，影像就會產生空白區域（背景色），此時還要再進行裁切的動作。若不想要裁切時，可以使用**內容感知**來填補空白區域。

❶ 按下 **Ctrl+A** 選取整個影像，執行「**變形→傾斜**」指令（ch06-38.jpg）

❷ 調整影像傾斜的問題

❸ 出現了空白區域，使用 🪄 **魔術棒工具**選取空白區域

❹ 按下 **Delete** 鍵，開啟「**填滿**」對話方塊，選擇**內容感知**來填補空白區域（ch06-39.jpg）

若填補的過程並不如預期時，可以再選取要填補的範圍並使用**內容感知**功能修補不自然的地方。也可以使用 🖌️ **污點修復筆刷工具**或 🎯 **仿製印章工具**來修補。

6-7 漸層工具

若不想要填入單一顏色時,那麼可以使用 ■ 漸層工具自行調配出多變的色彩,且 ■ 漸層工具還提供了放射狀、線性、菱形、角度等形式的漸層。

漸層工具的選項設定

使用 ■ 漸層工具時都會先至選項列進行各項設定,不同的設定會製造出不同結果的漸層,以下為各項設定的說明。

Ⓐ 漸層色票:按下選單鈕會開啟漸層揀選器,這裡提供了預設的漸層色票。

Ⓑ 漸層形式:提供了 5 種漸層形式,如下表所列。

形式	說明	範例
■ 線性漸層	從拖曳的起點至終點進行直線性的漸層效果。	
■ 放射性漸層	從拖曳的起點至終點以圓形圖樣進行放射性的漸層效果。	
■ 角度漸層	從拖曳的起點以逆時針掃射的漸層效果。	
■ 反射性漸層	從拖曳的起點開始進行對稱性的漸層效果。	

形式	說明	範例
菱形漸層	從拖曳的起點進行菱形圖樣的漸層效果。	

在拖曳滑鼠時按著 Shift 鍵，即可建立水平、垂直、45 度角的漸層角度。

C 反向：勾選此選項時，會反轉漸層的先後順序。

D 混色：勾選此選項時，會建立較平滑的漸層效果，此選項預設下是勾選的。

E 方式：可以選擇漸層的填色方法，提供了感應式、線性、傳統、平滑及條紋等方式。

漸層工具的使用

在影像中填入漸層色彩時，先選好要填色的範圍，若要在空白文件中填入漸層色彩，那麼就不須進行選取範圍的動作。

ch06-40.tif

1 開啟 **ch06-40.tif** 檔案，選取影像中的牆 (可載入事先儲存好的選取區 **牆**)，選取好後點選**工具面板**上的 漸層工具。

2 在**選項列**設定**漸層色票、漸層形式**等。

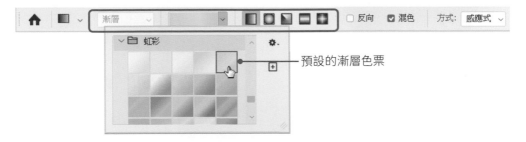

預設的漸層色票

預設的漸層色票是前景到背景的漸層，前景色為起始色彩，背景色則為結束色彩，所以先設定好後前景色及背景色，就可以使用自己設定的漸層色票。

③ 設定好後直接在選取範圍中拖曳拉出一個漸層範圍,此時會看到漸層工具的控制桿,透過這個控制桿,就可以再調整漸層的距離、角度與位置。

起點　　中間點　　終點

按著滑鼠左不放並拖曳,
即可調整控制桿

④ 在調整漸層的起始點、距離、方向及終點的位置時,所產生的漸層結果也會有所不同。

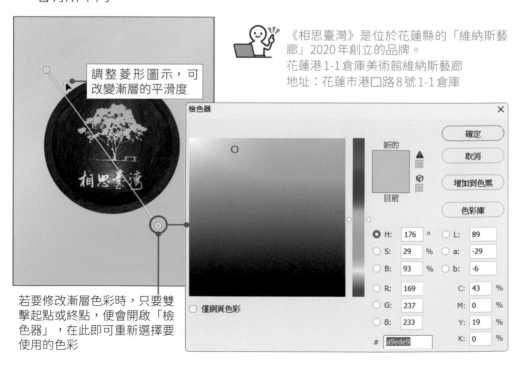

調整菱形圖示,可
改變漸層的平滑度

《相思臺灣》是位於花蓮縣的「維納斯藝廊」2020年創立的品牌。
花蓮港1-1倉庫美術館維納斯藝廊
地址:花蓮市港口路8號1-1倉庫

若要修改漸層色彩時,只要雙擊起點或終點,便會開啟「檢色器」,在此即可重新選擇要使用的色彩

⑤ 製作漸層時，Photoshop 會自動判斷並建立相關圖層，若要產生不同的漸層結果，可以試著改變圖層的混合模式，就會產生不同的結果。

按下選單鈕即可選擇
要使用的混合模式

建立漸層所產生的圖
層，點選後即可再進
行漸層的調整

ch06-41.psd

⑥ 除了調整漸層線外，還可以在**選項列**中隨意的變更**漸層色票**及**漸層形式**，點選時，畫面中的漸層就會立即變更。

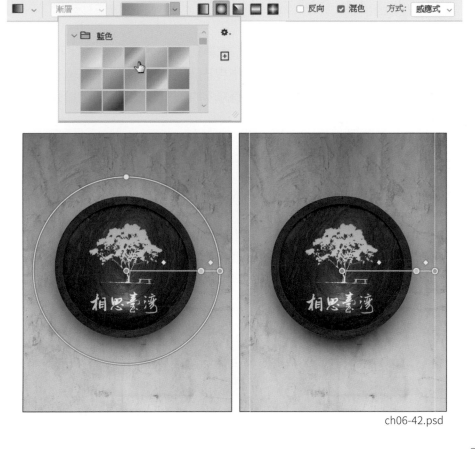

ch06-42.psd

📷 加入漸層色票

Photoshop 預設了許多漸層色票組，若還要加入其他色票組時，只要在**漸層揀選器**中按下 ⚙ 按鈕，即可選擇要加入的漸層色票組。

內建的漸層色票組 ─

執行此指令可以載入其他的漸層色
票，漸層的檔案類型為 *.GRD

執行此指令可以將漸層色票組儲存
為 *.GRD 檔案類型

📷 傳統漸層

新版的漸層是使用視覺化的方式來建立非破壞性的漸層，而傳統漸層則是以破壞性的方式建立漸層，一旦拖曳出漸層線後便無法再進行漸層線的調整。要使用傳統漸層時，只要按下**選項列**中的**漸層選單鈕**，於選單中點選「傳統漸層」。

按下選單鈕即選擇要使用漸層或是傳統漸層

🅐 **模式**：設定填入漸層時的混合模式，不同模式會產生不同的結果。

🅑 **不透明**：設定填入漸層時的不透明度，數值越大越不透明。

🅒 **透明**：勾選此選項才能使用含有透明效果的漸層色票，此選項預設下是勾選的，建議不要取消勾選。

漸層編輯器

要自訂漸層色票時，在**漸層色票**上按一下，便會開啟「漸層編輯器」對話方塊，在此即可修改或自行設計漸層色票。

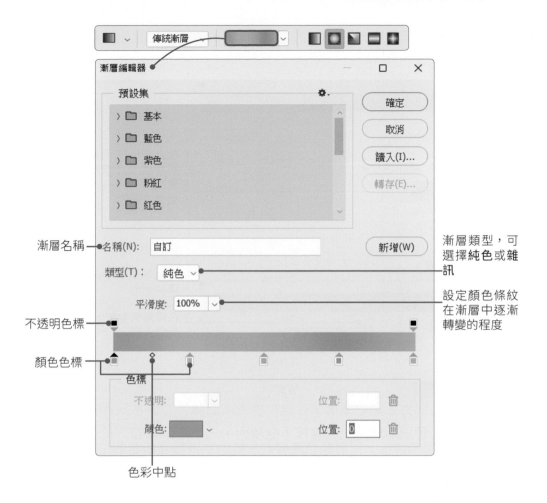

漸層名稱
名稱(N): 自訂
漸層類型，可選擇**純色**或**雜訊**

類型(T): 純色

設定顏色條紋在漸層中逐漸轉變的程度

不透明色標

顏色色標

色標
不透明:　　　　位置:
顏色:　　　　　位置: 0

色彩中點

新增漸層色票

　　使用「傳統漸層」時，可以依照現有漸層色票建立新的漸層色票，只要先在預設集中先選取漸層色票，再進行漸層色票的設定。

1 進入「漸層編輯器」對話方塊後，若要定義色標顏色時，按一下漸層列下方的**顏色色標**，此時色標上方的三角形會變成黑色，表示正在編輯起點顏色，再至色標區域中設定要使用的顏色。

2 將滑鼠游標移到漸層列下方的中間點，出現手指游標時，按一下**滑鼠左鍵**，新增一個色標，新增好後便可至色標區域中設定顏色。

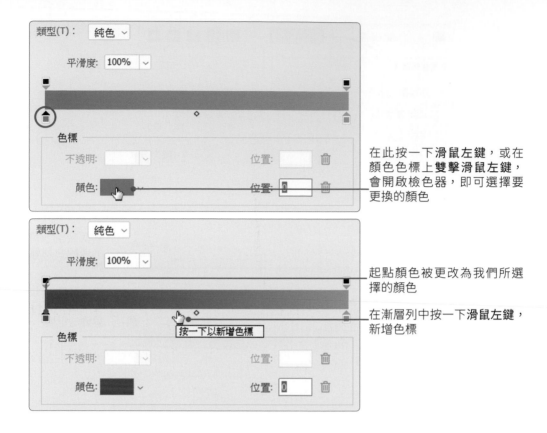

在此按一下**滑鼠左鍵**，或在
顏色色標上**雙擊滑鼠左鍵**，
會開啟檢色器，即可選擇要
更換的顏色

起點顏色被更改為我們所選
擇的顏色

在漸層列中按一下**滑鼠左鍵**，
新增色標

3 設定好漸層顏色後，可將**顏色色標**向左或向右拖移到所要的位置。也可以
選取要移動的顏色色標後，在「**位置**」中輸入數值，數值 0% 會將點放在
漸層列的最左端，100% 則會放在最右端。

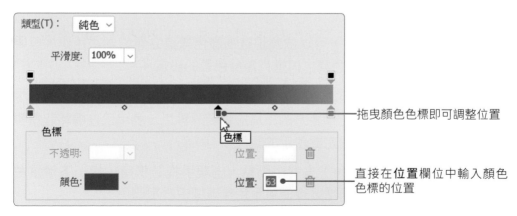

拖曳顏色色標即可調整位置

直接在**位置**欄位中輸入顏色
色標的位置

④ 要調整**色彩中點**的位置時，只要拖曳漸層列下方的菱形，或按一下**色彩中點**，在「**位置**」中輸入數值(色彩中點決定了漸層起點與終點顏色的平均混合顏色)。

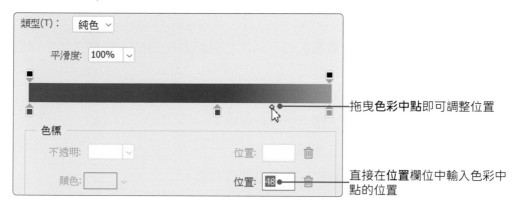

拖曳**色彩中點**即可調整位置

直接在**位置**欄位中輸入色彩中點的位置

⑤ 當編輯完漸層色票後，按下「**新增**」按鈕，即可將新增的漸層色票新增至漸層揀選器中，而按下「**轉存**」按鈕，可以儲存目前漸層揀選器中所有的漸層顏色。

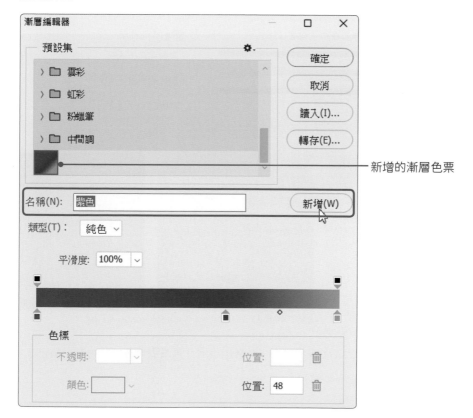

新增的漸層色票

新增雜訊漸層

　　建立漸層色票時，除了使用純色建立外，還可以選擇以**雜訊**方式建立漸層。使用雜訊建立漸層時，在包含指定顏色範圍內會隨機均分顏色的漸層，而產生有趣的漸層效果。

　　雜訊漸層是由程式計算產生的不規則色彩條紋所組成，在建立雜訊漸層時，可以進行以下的設定：

Ⓐ **粗糙度**：調整漸層顏色漸變間的程度；數值越高，顏色區分越明顯。

Ⓑ **色彩模式**：設定漸層來源顏色的色彩模式。

Ⓒ **限制顏色**：避免顏色過度飽和。

Ⓓ **加入透明度**：加入透明條紋，製造出透明效果。

Ⓔ **隨機化**：會重新運算產生不同色彩條紋。

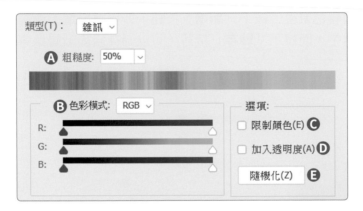

ch06-43.jpg

ch06-44.jpg

ch06-45.jpg

要練習雜訊漸層時，可以載入「漸層 01.grd」漸層檔案，檔案中有一些已建立好的雜訊漸層。

6-8 綜合應用－重現清澈水面與蔚藍天空

在綜合應用中將示範使用各種修復工具清除照片中的雜物，重現清澈水面，再使用漸層工具重現蔚藍天空。

ch06-46.jpg

ch06-47.psd

1 將照片放大後，會發現水中有一些雜物，這些雜物可以使用 🖌 **污點修復筆刷工具**來清除。在**選項列**上設定筆刷大小、模式及類型，設定好後，將滑鼠游標移至照片中，清除水中的雜物。

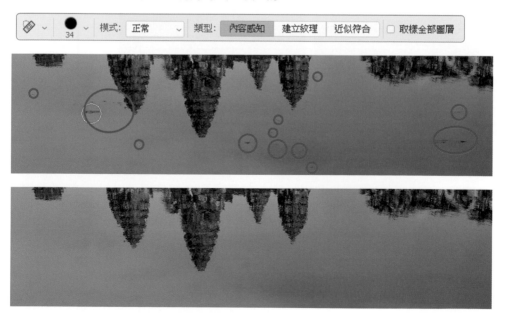

② 照片中左上角的那顆樹有點顯眼，這裡可以使用 ■ 修補工具，將天空中及水面倒影中的樹清除。按下選項列的修補選單鈕，選擇正常模式，點選來源選項，於照片中選取出要修補的範圍，進行修補。

按著滑鼠左鍵不放，將選取範圍往左移到要仿製的來源影像，修補區便會自動複製來源區域的影像

③ 照片的雜物都清除完後，接著要使用 ● 加亮工具，將草地到湖中的色調加亮，讓水面呈現較清澈的狀態。在選項列中設定筆刷大小、範圍及曝光度。

④ 將滑鼠游標移至影像中要調整的範圍並塗抹。

塗抹要加亮的範圍

⑤ 清澈的水面處理完後,接著要讓灰暗的天空變成蔚藍天空。執行「**選取→ 天空**」指令,自動選取照片中的天空,若有多選取的部分,再使用其他選取工具將多選的範圍減去。

6⃝ 天空選取後，要使用 ▣ 漸層工具將天空變藍。在選項列中設定漸層色票、
線性漸層、使用顏色模式等。

漸層色票：藍色_20

7⃝ 漸層色票都設定好後，在選取區中由上往下拖曳，即可填入漸層色彩。接
著再於圖層面板中點選漸層圖層，按下混合模式選單鈕，選擇「顏色」模
式。

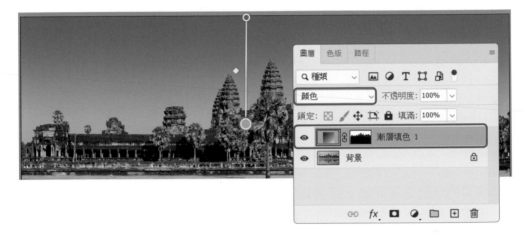

8⃝ 修改了圖層的混合模式後，灰暗的天空變蔚藍了。

　　最後再檢查看看還有哪裡需要修補或是清除雜點的地方，事實上修圖並沒有一定的步驟，你可以依實際情況調整工具及設定，才能將圖修到完美。

　　使用  漸層工具時，可以更換漸層色票，例如：使用橘色系，讓白天變黃昏。當然要改變天空的景色，也可以執行「**編輯→天空取代**」指令，套用預設的天空效果。

ch06-48.psd

ch06-49.psd

自 我 評 量

選擇題

( ) 1. 下列關於仿製印章工具的敘述，何者<u>不正確</u>？ (A) 使用 Ctrl 鍵進行取樣的動作　(B) 可以在另一張影像中進行取樣的動作　(C) 使用仿製來源面板，可以在面板中設定 5 組取樣點　(D) 仿製來源面板會記錄已設定取樣點的影像來源，若關閉了檔案，影像來源也會消失。

( ) 2. 下列關於污點修復筆刷工具的敘述，何者<u>不正確</u>？ (A) 會自動從要修復的範圍周邊隨機取樣，來進行修復的動作　(B) 修復時會保留修復區原本的明暗度及細節　(C) 無法設定混合模式　(D) 提供了近似符合、建立紋理及內容感知等修復類型。

( ) 3. 下列關於修復筆刷工具的敘述，何者<u>不正確</u>？ (A) 使用方法與仿製印章工具一樣，要先設定取樣點　(B) 會保留原影像的紋理、光源、透明度和陰影等，讓修復結果更能融入原影像　(C) 可以設定混合模式　(D) 無法使用圖樣當做來源影像。

( ) 4. 下列關於修補工具的敘述，何者<u>不正確</u>？ (A) 可以使用原影像或圖樣來修補影像　(B) 可以不必圈選出影像範圍　(C) 來源影像與目的影像必須在同一個檔案中　(D) 修補項目選擇「目的地」時，則會將選取範圍設定為來源影像。

( ) 5. 若要將照片製造出淺景深效果，可以使用下列哪項工具？ (A) 模糊工具　(B) 加深工具　(C) 加亮工具　(D) 海綿工具。

( ) 6. 若要變更照片某一個選取範圍的色彩飽和度時，可以使用下列哪項工具？ (A) 模糊工具　(B) 加深工具　(C) 加亮工具　(D) 海綿工具。

( ) 7. 若要將照片某一個選取範圍變暗時，可以使用下列哪項工具？ (A) 模糊工具　(B) 加深工具　(C) 加亮工具　(D) 海綿工具。

( ) 8. 下列哪個工具會模擬手指在溼顏料上塗抹時所產生的效果，就像在畫水彩畫一樣？ (A) 仿製印章工具　(B) 修補工具　(C) 指尖工具　(D) 銳利化工具。

( ) 9. 下列關於油漆桶工具的敘述，何者<u>不正確</u>？ (A) 可以填入前景色　(B) 可以填入圖樣　(C) 無法自訂要填入的圖樣　(D) 可以選擇混合模式。

( ) 10. 要在選取範圍中填入黑色時，可以使用下列哪組快速鍵，開啟「填滿」對話方塊來進行？ (A) Shift+F5　(B) Shift+Ctrl+F5　(C) Shift+Alt+F5　(D) Ctrl+F5。

( ) 11. 下列哪一種漸層效果，可以從拖曳的起點至終點以圓形圖樣產生漸層效果？ (A) 線性漸層　(B) 角度漸層　(C) 反放射性漸層　(D) 放射性漸層。

( ) 12. 下列關於漸層工具的敘述，何者<u>不正確</u>？ (A) 要建立水平、垂直、45度角的漸層角度，在拖曳滑鼠時可以按著 Shift 鍵 (B) 可以載入其他的漸層色票，而載入時要選擇 *.GRD 檔案類型 (C) 使用純色建立漸層時，在包含指定顏色範圍內會隨機均分顏色的漸層 (D) 提供了放射狀、線性、菱形、角度、反射性等形式的漸層。

◎ 實作題

1. 開啟「CH06 → ch06-a.jpg」檔案，幫照片中的人物美顏一下，並消除眼袋及黑眼圈。

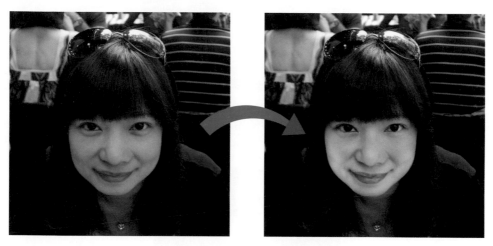

 可先使用加亮工具將臉部從暗沈轉為明亮，再使用仿製印章工具消除眼袋及黑眼圈。

2. 開啟「CH06 → ch06-b.jpg」檔案，請將天空中的電線移除。

3. 開啟「CH06 → ch06-c.tif」檔案,請使用油漆桶工具及漸層工具,將 T 恤加上圖
   樣及漸層色彩 (可載入事先儲存好的選取區 T 恤)。

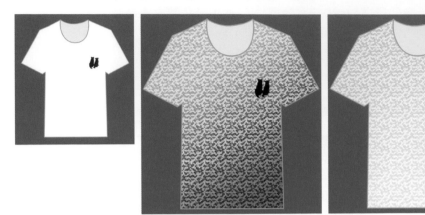

4. 開啟「CH06 → ch06-d.tif」檔案,請使用漸層工具改變汽車的車身色彩 (可載入
   事先儲存好的選取區 car)。

原影像

C H A P T E R 0 7

圖層的應用

HEALTHY VEGETARIAN

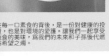
在每一口素食的背後，是一份對健康的投
資，也是對環境的愛護。讓我們一起享受
蔬食的美味，為我們的未來和子孫後代燃
點希望之燭。

7-1 圖層的觀念

影像處理軟體經常會使用到**圖層**與**物件**的觀念，而Photoshop也不例外，所以這節就先來認識圖層吧！

認識圖層

Photoshop常使用圖層進行許多工作，例如：將多個影像合成、在影像上加入文字，或加入向量圖形等。Photoshop圖層的運作方式，就像是將一張張透明片堆疊在一起，而我們可以透過圖層的透明區域，看到下面的圖層。而且，還可以根據圖層的內容來排列圖層的順序及位置。

在一張背景影像中允許多個物件存在，這些物件通常存在於不同的圖層中，在編輯時可對圖層進行個別編輯，而不會影響其他圖層或背景影像。

圖層由下往上排列，最下面的為最底層

可將影像看作是一張張圖層交疊而成的結果，而圖層的順序也會影響顯示的結果 (ch07-01.psd)

當影像中包含圖層時，在進行檔案儲存的時候，就必須儲存成「psd」格式，才能完整將圖層及物件資訊儲存起來。

📷 圖層面板

圖層面板會列出影像中的所有圖層、圖層群組及圖層效果，而圖層的操作也都在圖層面板中進行。要開啟**圖層面板**時，執行「**視窗→圖層**」指令 (F7)。在圖層面板中只要點選圖層名稱，即可成為作用中的圖層，而對影像進行編輯時，也只會影響到作用圖層。

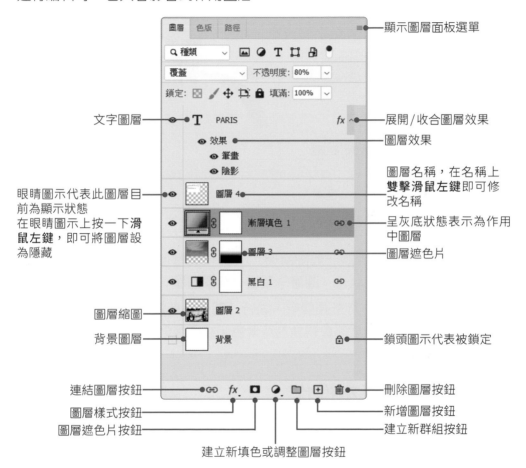

📷 背景圖層

Photoshop 有許多不同類型的圖層，例如：影像圖層、文字圖層、調整圖層、向量圖層、形狀圖層等。而影像圖層又可分為**背景圖層**及**一般圖層**，一個影像檔中只能有一個背景圖層，且都被放置於最底層，不能調整其順序、設定混合模式或是不透明度等，不過，可以將背景轉換為一般圖層。

　　開啟一個影像檔案，或是以白色及背景色建立新影像時，預設下該影像都會被設為背景圖層，若是將背景設為**透明**時，則會建立成一般圖層，而不是背景圖層，並將圖層名稱命名為**圖層1**。

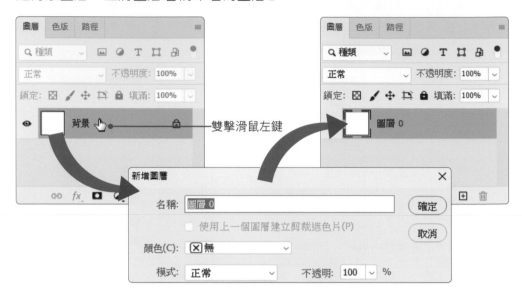

　　要將背景圖層轉換為一般圖層時，只要在**圖層面板**中的「**背景圖層**」上，**雙擊滑鼠左鍵**，或執行「**圖層→新增→背景圖層**」指令。

　　要將一般圖層轉為背景圖層時，執行「**圖層→新增→背景圖層**」指令，而圖層中的所有透明像素都會轉換為背景色，該圖層則會下推到最底層。

7-2 圖層的基本操作

　　認識圖層後，接下來將介紹一些圖層的基本操作。

📷 新增圖層

　　開啟一個影像檔案時，該影像檔案只會有背景圖層，當要在影像中進行編修、合成或加入文字時，則可以先新增圖層，在新圖層中進行相關的操作。要新增圖層時，只要按下**圖層面板**上的 ⊞ **建立新圖層**按鈕，即可新增一個名為**圖層1**的圖層。

新增第1個圖層時，預設下會以圖層1來命名，第2個則為圖層2，要修改圖層名稱時，在名稱上**雙擊滑鼠左鍵**即可

除了使用上述方法新增圖層外，還可以執行「**圖層→新增→圖層**」指令 (Shift+Ctrl+N)，開啟「**新增圖層**」對話方塊，即可自行建立圖層名稱，選擇圖層要使用的模式及不透明度等。

於名稱欄位中可以自訂圖層的名稱

📷 複製圖層

要將現有的圖層再複製出一個一模一樣的圖層時，只要在**圖層面板**中點選要複製的圖層，並將它拖曳到 建立新圖層按鈕上，便可完成複製的動作，而複製出來的圖層會在圖層名稱上加入「**拷貝**」文字。

 執行「圖層→複製圖層」指令，會開啟「複製圖層」對話方塊，可以自行設定圖層名稱，還可以選擇要複製到哪份文件中。

將它拖曳到 建立新圖層按鈕上，便可完成複製的動作

　　完成圖層複製的動作後，複製出來的影像會與原影像重疊在一起，此時只要使用 ⊕ **移動工具**，將影像搬移到要擺放的位置即可。在搬移影像中的物件時，可以將**移動工具選項列**上的**自動選取**勾選，那麼當文件中有許多物件時，便會自動選取該圖層。

　　複製圖層時，還可以在不同文件間進行，可直接從**圖層面板**中將圖層拖曳到另一份文件視窗中，或是使用 ⊕ **移動工具**將目前文件視窗中的影像拖曳到另一個文件視窗中。

直接將圖層拖曳到另一個文件視窗中，即可完成圖層複製的動作

刪除圖層

刪除圖層時，在**圖層面板**中點選要刪除的圖層，再按下 🗑 **刪除圖層**按鈕，此時會詢問是否要刪除，按下「**是**」按鈕，即可將圖層刪除。

要刪除圖層時，也可以直接將圖層拖曳到 🗑 刪除圖層按鈕上，即可完成刪除的動作。

調整圖層順序

圖層是由上而下依序堆疊的，在上層的物件會蓋住下層的物件，若要調整圖層順序時，只要在**圖層面板**中點選要調整的圖層，再按著**滑鼠左鍵**不放並拖曳，即可調整圖層的順序。

將圖層直接拖曳到要擺放的位置，位置確定後，放開滑鼠即可完成順序的調整

圖層的顯示與隱藏

要隱藏圖層時，只要在**圖層面板**上的眼睛圖示按一下**滑鼠左鍵**，即可將該圖層隱藏，若要再顯示時，再按一下**滑鼠左鍵**即可。

執行「**圖層→隱藏圖層**」指令，也可以將圖層隱藏起來，而按著**Alt**鍵不放，再去點選要隱藏圖層的眼睛圖示時，則可以將該圖層以外的其他所有圖層都隱藏。

按一下**滑鼠左鍵**，即可將該圖層隱藏

📷 鎖定圖層

　　Photoshop提供了四種鎖定圖層的方式，進行鎖定時可依需求選擇完全或局部鎖定，以保護圖層內容。

選擇要鎖定的方式，由左至右分別為：**鎖定透明像素、鎖定影像像素、鎖定位置、全部鎖定**

表示只有部分內容被鎖定

表示完全被鎖定(鎖定圖示是實心的)

☐ **鎖定透明像素**：只能編輯圖層中不透明的部分，例如：使用筆刷工具時，只能在非透明區域(影像)才能使用筆刷工具。

☐ **鎖定影像像素**：選擇此種鎖定方式時，無法在影像上使用任何工具修改影像像素，只能使用**變形**指令。

☐ **鎖定位置**：會將圖層的位置鎖定，而無法移動。

☐ **全部鎖定**：同時將透明像素、影像像素及位置都鎖定。

　　要解除鎖定時，只要選取圖層，再按下目前鎖定狀態所對應的按鈕即可解除鎖定，或是直接將鎖頭圖示拖曳至 🗑 **刪除圖層**按鈕上。

📷 圖層的選取與連結

　　選取單一圖層時，可以直接在**圖層面板**中點選，若要一次選取多個圖層，同時進行移動位置、調整大小及設定混合模式時，按著**Shift**鍵就可以選取連續的圖層，按著**Ctrl**鍵則可以選取不連續的圖層。選取全部圖層時，可以執行「**選取→全部圖層**」指令，即可將圖層面板中的所有圖層都選取。

　　當選取了多個圖層時，若希望這些被選取的圖層永遠保持連結關係時，可以按下 ⊖ **連結圖層**按鈕，選定的圖層名稱旁就會有連結圖示，表示這些圖層已連結在一起，當移動其中一個圖層的物件，其他連結圖層的物件也會跟著一起移動。要解除連結時，先選取任何一個已連結的圖層，再按下 ⊖ **連結圖層**按鈕即可。

對齊與均分不同圖層中的物件

雖然物件都在不同圖層中,但透過**移動工具選項列**上的對齊按鈕及均分按鈕,即可快速地將不同圖層中的物件對齊及均分。

各種對齊按鈕　　　各種均分按鈕

進行對齊與均分設定時,也可以執行「**圖層→對齊**」指令及「**圖層→均分**」指令,即可在選單中選擇要對齊及均分的方式。要均分不同圖層中的物件時,**一定要選擇3個或3個以上的圖層**才可以進行設定。

向下合併及合併可見圖層

檔案製作完成後,可以將圖層合併,以縮小影像檔案的大小。執行「**圖層→向下合併圖層**」指令 (Ctrl+E),就會將目前作用中的圖層與下方圖層合併,合併時圖層名稱會以**下層圖層**為主。

而執行「**圖層→合併可見圖層**」指令 (Shift+Ctrl+E),可以將所有顯示出來的圖層合併為一個圖層,若**圖層面板**中沒有被隱藏的圖層時,那麼所有圖層會被合併到**背景圖層**中;若**背景**圖層被隱藏的話,那麼所有圖層會被合併到背景圖層上的第一個顯示圖層中。

執行**合併可見圖層**指令，即可將所有圖層合併到背景圖層中

背景圖層被隱藏時，執行**合併可見圖層**指令，所有圖層將會被合併到背景圖層上的第一個顯示圖層中

蓋印圖層

　　使用「**蓋印圖層**」功能，可以將選取的圖層合併成新圖層，而原來的圖層仍會被保留。選取要合併的圖層後，按下 **Ctrl+Alt+E** 快速鍵，即可在選取圖層的上方新增一個合併圖層。

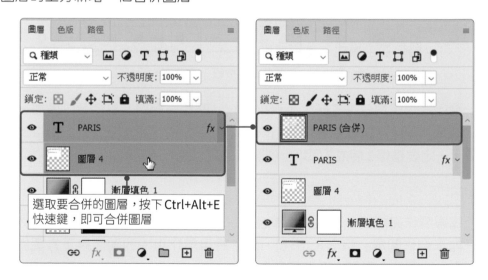

選取要合併的圖層，按下 **Ctrl+Alt+E** 快速鍵，即可合併圖層

影像平面化

　　影像編輯完成後，可以執行「**圖層→影像平面化**」指令，將所有可見圖層都合併到**背景圖層**中。

若**圖層面板**中有隱藏圖層時，在進行**影像平面化**會出現是否放棄隱藏圖層的訊息，按下「**確定**」按鈕，則會刪除隱藏圖層並將其他圖層平面化。

7-3 圖層的混合模式

使用**填色**及**繪圖**工具時，在**選項列**都可以看到**混合模式**的選項，而在圖層中也可以透過**混合模式**，讓影像產生出不同的效果及變化，這裡就來學習如何在圖層中使用混合模式吧！

使用混合模式

在圖層中要使用混合模式時，只要按下**設定圖層的混合模式**選單鈕，即可於選單中選擇要使用的混合模式。在預設下圖層的混合模式為**正常**。

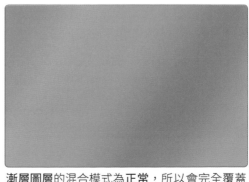

漸層圖層的混合模式為**正常**，所以會完全覆蓋掉背景圖層

漸層圖層的混合模式調整為覆蓋，漸層圖層就
會與背景圖層互相混合(ch07-02.psd)

在正常模式下若要讓背景圖層顯示時，也可以直接調整**不透明度**，100%
表示完全不透明，當上層圖層有設定透明度時，下層中的影像才會顯示。

將**漸層圖層**的不透明度設定為**50%**，即可讓
背景圖層顯示

混合模式的種類

Photoshop 提供了許多混合模式可以運用在影像中，當兩個圖層重疊
時，透過混合模式的設定，會將兩個圖層的重疊像素之色彩混合，然後產生
新的色彩，當然除了色彩的變化外，還會混合出特殊的效果。

每一種混合模式都有它的計算方式與運作原理，大致了解運作原理後，
對於合成時該用哪種模式也會比較上手。

混合模式在預設下為「正常」模式，若上層物件的不透明度為100%時，
那麼該圖層會完全覆蓋下圖層。

上圖層

下圖層 (ch07-03.psd)

溶解	將上下圖層以像素互相混合為粗顆粒點狀效果,使用此模式時,上圖層必需要進行不透明度的設定,若不透明度為100%,則無法顯示混合模式。	 溶解模式,不透明度10%
變暗	當上圖層比下圖層暗,下圖層較亮的地方就會顯示上圖層,若為上圖層為純白時,就會變成完全透明。	 變暗模式,不透明度100%
色彩增值	將上圖層及下圖層的個別像素值相乘的結果除以255,會得到一組新的RGB值,而這個新的RGB值會比原來的顏色更深。若以黑色增值任何顏色時,都只會產生黑色,以白色增值任何顏色時,則不會產生改變。	 色彩增值模式,不透明度60%

| 加深顏色 | 同時讓上圖層及下圖層變暗，並增加對比，產生出強烈的混合色彩，若上圖層為白色時，混合後則不會產生改變。 |

加深顏色模式，不透明度100%

| 線性加深 | 同時讓上圖層及下圖層變暗，但不會增加對比，而混合出的色彩也會比較柔和，若上圖層為白色時，混合後則不會產生改變。 |

線性加深模式，不透明度100%

| 顏色變暗 | 將上圖層及下圖層像素值相加後進行比較，混合後會顯示較暗的顏色。 |

顏色變暗模式，不透明度100%

| 變亮 | 比較上圖層及下圖層重疊的像素明暗度，兩者中以較亮的做為結果色彩。若上圖層中有黑色時，則黑色會消失。 |

變亮模式，不透明度100%

濾色	會將上圖層及下圖層的個別像素反轉後再相乘，混合後的結果會比上圖層及下圖層來得亮。若上圖層有黑色時，不會改變原來的顏色；若為白色時，則會產生白色。此效果類似於在多張相片投影片上相互投射。	濾色模式，不透明度100%
加亮顏色	上圖層的像素亮度若比下圖層的像素亮度更亮時，混合後的像素亮度會更亮(以增加亮度來做運算)。若上圖層有黑色時，不會改變原來的顏色。	加亮顏色模式，不透明度100%
線性加亮（增加）	與加亮顏色模式類似，上圖層的像素亮度若比下圖層的像素亮度更亮時，才會產生作用(以降低對比來做運算)。若上圖層有黑色時，不會改變原來的顏色。	線性加亮(增加)模式，不透明度100%
顏色變亮	將上圖層及下圖層的像素值相加後進行比較，混合後會顯示較亮的顏色。	顏色變亮模式，不透明度60%

覆蓋	會判斷上圖層及下圖層影像個別像素RGB值,值大於128時,就產生類似濾色的效果;當下圖層的影像個別像素的RGB值小於128時,則會產生類似色彩增值的效果。此模式會加強影像對比與飽和度。

覆蓋模式,不透明度100%

柔光	混合方式與覆蓋相同,但柔光是依據上圖層影像像素來調整。當上圖層像素的顏色比50%灰階還亮時,混合結果會變得更亮;當像素比50%灰階還暗時,則混合結果會變得更暗。此效果類似在影像上照射擴散的聚光燈。

柔光模式,不透明度100%

實光	以上圖層像素的顏色來決定要增值或濾色。當上圖層像素的顏色比50%灰階還亮時,混合結果會變得更亮;當像素比50%灰階還暗時,則混合結果會變得更暗。這個效果類似於在影像上照射刺眼的聚光燈。

實光模式,不透明度100%

強烈光源	依照上圖層的像素來決定要增加或減少對比,再將顏色加深或加亮。如果上圖層像素的顏色比50%灰階還亮時,會減少對比讓影像變亮;當像素比50%灰階還暗時,則會增加對比讓影像變暗。

強烈光源模式,不透明度100%

線性光源	依照上圖層的像素來決定要增加或減少亮度，再將顏色加深或加亮。如果上圖層像素的顏色比50%灰階還亮時，會增加亮度讓影像變亮；當像素比50%灰階還暗時，則會減少亮度讓影像變暗。	 線性光源模式，不透明度100%
小光源	以上圖層的像素色彩來取代顏色。當上圖層像素的顏色比50%灰階還亮時，比該像素還暗的像素會被取代，比該像素還亮的像素則不會改變；當像素比50%灰階還暗時，比該像素還亮的像素會被取代，比該像素還暗的像素則不會改變。	 小光源模式，不透明度100%
實色疊印混合	會將上圖層及下圖層的像素值相加，如果加總結果大於或等於255，其值便為255，如果加總值小於255，則其值為0。因此，所有的混合像素都會有紅、綠藍、黃、洋紅、黑、白，而且數值不是0就是255。	 實色疊印混合模式，不透明度100%
差異化	比較上圖層及下圖層的色彩值，將數值較大者減去較小者，得到的結果就是混合後的色彩值。與白色混合後，色彩會反轉；與黑色混合則不會產生任何改變。	 差異化模式，不透明度100%

排除　效果與差異化模式類似，但對比效果較低。與白色混合後，色彩會反轉，與黑色混合則不會產生任何改變。

排除模式，不透明度100%

減去　將下圖層的像素值減去上圖層的像素值，得到的數值即為混合結果，如果為負值，則會以0為結果。

減去模式，不透明度100%

分割　類似加亮顏色模式，但結果會更明亮，以提高影像的飽和度。

分割模式，不透明度100%

色相　將混合結果套用於上圖層的色相，而改變下圖層的飽和度及亮度。

色相模式，不透明度100%

飽和度	用上圖層的飽和度來加強或減弱下圖層的色彩,且會忽略上圖層的色相及明度。

飽和度模式,不透明度100%

顏色	混合結果具有上圖層的明度,以及下圖層的色相及飽和度。這會保留影像中的灰階,因此可以用來為單色影像著色,以及調整彩色影像的濃淡。

顏色模式,不透明度100%

明度模式,不透明度100%

明度	混合結果會套用上圖層的明度,而不影響下圖層的色相及飽和度。

明度模式,不透明度50%

7-4 圖層樣式

Photoshop 提供了各式各樣可以更改圖層物件外觀的效果，例如：陰影、光暈、斜角及浮雕等，而這些效果都已內建在圖層樣式中，善用這些樣式，即可讓影像變化出更多的效果。

📷 圖層樣式的使用

將圖層套用圖層樣式時，可以在點選圖層後，執行「**圖層→圖層樣式**」指令，或是按下**圖層面板**上的 *fx.* **增加圖層樣式**按鈕，即可選擇要套用的樣式。

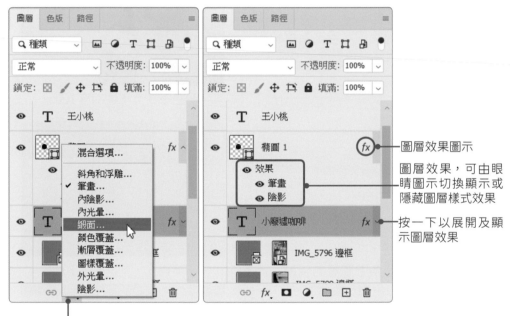

fx. 增加圖層樣式按鈕

 將圖層套用圖層樣式時，也可以直接在圖層上直接**雙擊滑鼠左鍵**，即可開啟「圖層樣式」對話方塊，設定要套用的樣式。

將圖層套用樣式以後，在圖層名稱的右邊會有 *fx* 圖層效果圖示，按下展開鈕，即可檢視該圖層套用了哪些樣式，在該樣式名稱上**雙擊滑鼠左鍵**，則可以開啟「圖層樣式」對話方塊，進行修改的動作。若要刪除圖層樣式，只要將圖層樣式拖曳到 🗑 **刪除圖層**按鈕上，即可將該樣式刪除。

各種圖層樣式的設定

在「圖層樣式」對話方塊中，提供了斜角和浮雕、筆畫、內陰影、內光暈、緞面、顏色覆蓋、漸層覆蓋、圖樣覆蓋、外光暈及陰影等樣式，這些樣式的相關設定說明如下。

斜角和浮雕

使用**斜角和浮雕**可以加強文字、形狀及影像的立體感，在設定時還可以選擇內斜角、外斜角、浮雕、枕狀浮雕及筆畫浮雕等樣式。

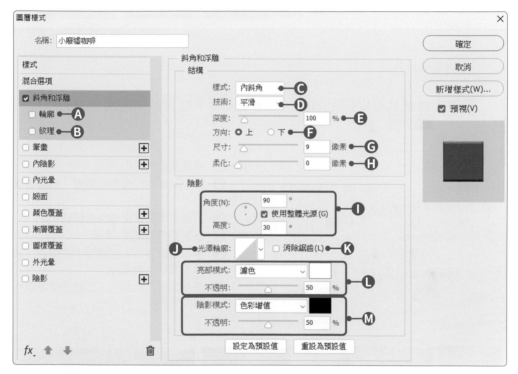

A 設定斜角的形狀。	**H** 設定模糊程度，以減少不自然的感覺。
B 設定要套用的圖樣。	**I** 設定光源的角度及高度，若將**使用整體光源**勾選，表示之後套用與光源有關的圖層樣式，都會使用此光源角度，不勾選時，則可以個別設定光源角度。
C 選擇要套用的樣式，**外斜角、內斜角、浮雕、枕狀浮雕、筆畫浮雕**。	
D 選擇斜角的形狀，**平滑**會產生平順的邊緣；**雕鑿硬邊**會保留邊緣的細節；**雕鑿柔邊**一樣會保留邊緣的細節，但較為平順。	**J** 建立金屬光澤的外觀，在圖示上按一下，會開啟**輪廓編輯器**，可自行編輯輪廓。
	K 勾選可啟用消除鋸齒功能。
E 設定斜角或浮雕的深度，數值越大，效果越明顯。	**L** 設定斜角及浮雕效果亮部的混合模式、顏色及不透明度。
F 設定斜角或浮雕的方向，**上**為突起效果；**下**為凹陷效果。	**M** 設定斜角及浮雕效果暗部的混合模式、顏色及不透明度。
G 設定斜角或浮雕的大小。	

ch07-04.psd

將文字加上浮雕效果

筆畫

　　筆畫圖層樣式可以使用顏色、漸層或圖樣，在目前的圖層上繪出物件的外框。

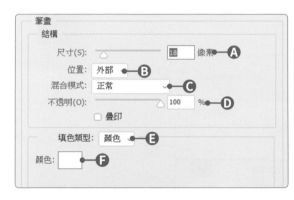

A 設定筆畫的大小。

B 設定筆畫的位置要從**外部**、**內部**或**居中**。

C 選擇筆畫要使用的混合模式。

D 設定不透明度。

E 選擇筆畫要填入的類型，有**顏色**、**漸層**及**圖樣**可選擇。

F 選擇要填入的顏色，此處會隨著**填色類型**而有所不同。

圓形套用了圖案筆畫　　　文字套用了顏色筆畫

內陰影與陰影

　　內陰影圖層樣式會偵測圖層的影像邊緣來加入陰影，產生出凹陷的效果。**陰影**圖層樣式可以增加物件的立體感，其設定方式與內陰影相同。

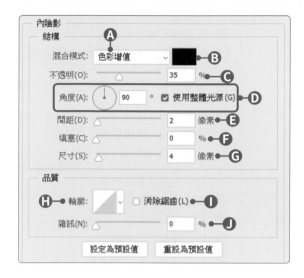

- Ⓐ 選擇與下層圖層的混合模式，預設為**色彩增值**。
- Ⓑ 選擇內陰影顏色。
- Ⓒ 設定內陰影的不透明度。
- Ⓓ 設定內陰影的角度。
- Ⓔ 設定內陰影與物件的距離。
- Ⓕ 設定內陰影模糊程度。
- Ⓖ 設定內陰影大小，數值越大陰影範圍越大，但也越模糊。
- Ⓗ 設定內陰影的外觀。
- Ⓘ 勾選時，可避免邊緣產生鋸齒。
- Ⓙ 設定要在內陰影中加入雜點的比例，0%表示不加入。

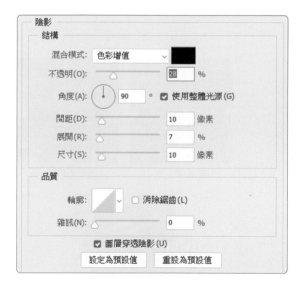

套用了內陰影效果

套用了陰影效果

內光暈與外光暈

內光暈圖層樣式可以讓影像內側呈現光暈的效果。

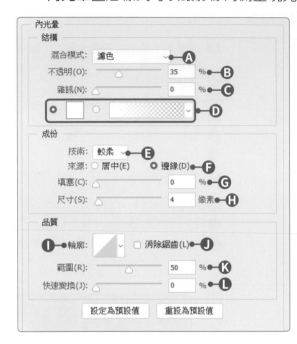

Ⓐ 選擇與下層圖層的混合模式,預設為**濾色**。

Ⓑ 設定內光暈的不透明度。

Ⓒ 設定要在光暈中加入雜點的比例,0% 表示不加入。

Ⓓ 選擇光暈的顏色,可選擇單色或漸層到透明。

Ⓔ 設定建立光暈的方法,**較柔**會使邊緣較模糊;**精確**會使邊緣較清楚。

Ⓕ 選擇光暈的位置,**居中**會由影像內的中央開始呈現光暈;**邊緣**則會由影像的邊緣產生光暈。

Ⓖ 設定光暈的模糊程度。

Ⓗ 設定光暈的大小。

Ⓘ 設定內陰影的外觀。

Ⓙ 勾選時,可避免邊緣產生鋸齒。

Ⓚ 設定光暈的範圍。

Ⓛ 設定光暈漸層隨機變化的方式。

外光暈圖層樣式可以讓影像邊緣呈現光暈的效果,設定方式與內光暈相同。

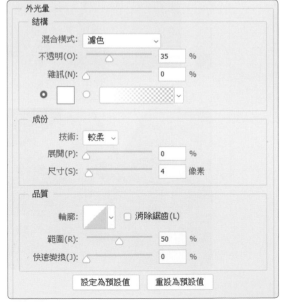

光暈效果(居中)

光暈效果(邊緣)

外光暈效果

緞面

緞面圖層樣式會建立內部陰影，製作出緞面效果。

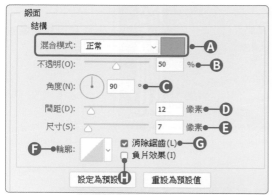

Ⓐ 設定緞面的混合模式及色彩。
Ⓑ 設定不透明度。
Ⓒ 設定光源的角度。
Ⓓ 設定緞面效果的錯位距離。
Ⓔ 設定緞面效果的大小。
Ⓕ 選擇緞面的輪廓變化。
Ⓖ 勾選時，可啟用消除鋸齒功能。
Ⓗ 勾選時，會反轉套用緞面效果的顏色。

套用緞面效果，負片效果勾選取消，輪廓選擇凹槽 - 淺

顏色覆蓋

顏色覆蓋圖層樣式可以將單一顏色填入影像中，而不會更動到原影像。

Ⓐ 選擇要使用的混合模式。
Ⓑ 選擇要覆蓋的顏色。
Ⓒ 設定不透明度。

樣式設定好後，若之後都要使用相同設定時，可以按下「設定為預設值」按鈕，即可將目前的設定內容儲存為此圖層樣式的預設效果；若要將圖層樣式回復到預設值時，則請按下「重設為預設值」按鈕。

圖片套用顏色覆蓋
效果，使用實光混
合模式

漸層覆蓋

漸層覆蓋圖層樣式可以將漸層填入影像中，而產生特殊色彩效果。

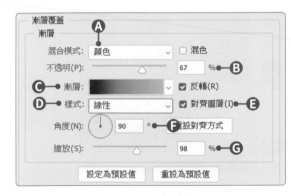

Ⓐ 選擇要使用的混合模式。

Ⓑ 設定不透明度。

Ⓒ 選擇要覆蓋的漸層顏色。

Ⓓ 選擇漸層樣式，有線性、放射性、
角度、反射性及菱形等可以選擇。

Ⓔ 勾選時，表示要以選取範圍來計算
漸層範圍，若未勾選則會以整個圖
層來計算漸層範圍。

Ⓕ 設定漸層的角度。

Ⓖ 設定漸層的尺寸。

圖片套用漸層覆蓋
效果，使用顏色混
合模式

圖層樣式設定好後，若其他圖層也要使用相同的樣式時，可以在已設定好圖層樣式
的圖層上按下**滑鼠右鍵**，於選單中執行「**拷貝圖層樣式**」指令，再點選要使用相同
樣式的圖層，按下**滑鼠右鍵**，於選單中執行「**貼上圖層樣式**」指令。

圖樣覆蓋

圖樣覆蓋圖層樣式可以將圖樣填入影像中。

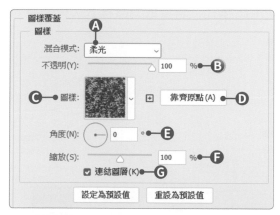

Ⓐ 選擇要使用的混合模式。

Ⓑ 設定不透明度。

Ⓒ 選擇要覆蓋的圖樣。

Ⓓ 按下靠齊原點按鈕,填入圖樣時會以左上角為起點。

Ⓔ 設定角度。

Ⓕ 縮放圖樣的大小。

Ⓖ 勾選時,可連結圖層與圖樣。

套用圖樣覆蓋效果,使用柔光混合模式,選擇內建的草圖樣

套用圖樣覆蓋效果,使用覆蓋混合模式,選擇內建的樹圖樣,縮放400%

ch07-05.psd

同時套用多種圖層樣式

一個圖層可以套用多種圖層樣式，在「圖層樣式」對話方塊中，於左側的樣式區中，只要有勾選就表示有使用該樣式，若要取消該樣式，只要將勾選取消即可。

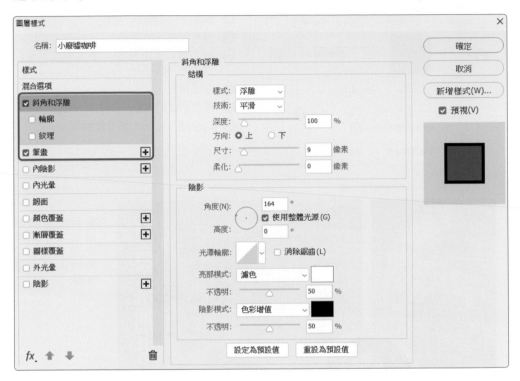

除此之外，也可以直接在**圖層面板**中，將套用的效果直接拖曳到 🗑 **刪除**按鈕上，即可將該圖層樣式刪除。

將效果直接拖曳到 🗑 **刪除**按鈕上，即可將該圖層樣式刪除

7-5 調整圖層與填滿圖層

編修影像時，可以使用**調整圖層**及**填滿圖層**來嘗試各種設定，且完全不用擔心原影像會被破壞。

建立調整圖層

在 4-10 節中介紹了**調整面板**提供所有與影像編修有關的功能，而這些功能在**圖層面板**中也有提供，當我們於**圖層面板**新增一個調整功能時，會先建立一個相關的**調整圖層**，並將設定結果放置於調整圖層中，而不會直接改變影像，還可以隨時再調整設定的結果、不透明度及混合模式等。

若設定結果不滿意，還可以直接將**調整圖層**拖曳到 🗑 **刪除圖層**按鈕上，將調整圖層刪除。

在**圖層面板**上按下 ◑. **建立新填色或調整圖層**按鈕，或執行「**圖層→新增調整圖層**」指令，即可選擇要使用的調整功能。

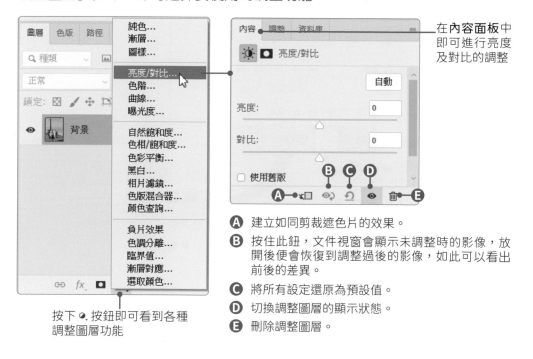

在**內容面板**中即可進行亮度及對比的調整

按下 ◑. 按鈕即可看到各種調整圖層功能

- **A** 建立如同剪裁遮色片的效果。
- **B** 按住此鈕，文件視窗會顯示未調整時的影像，放開後便會恢復到調整過後的影像，如此可以看出前後的差異。
- **C** 將所有設定還原為預設值。
- **D** 切換調整圖層的顯示狀態。
- **E** 刪除調整圖層。

調整圖層的套用

使用調整圖層時，可以將它套用至單一圖層、群組或是所有圖層，預設下會套用在它之下的所有圖層中。

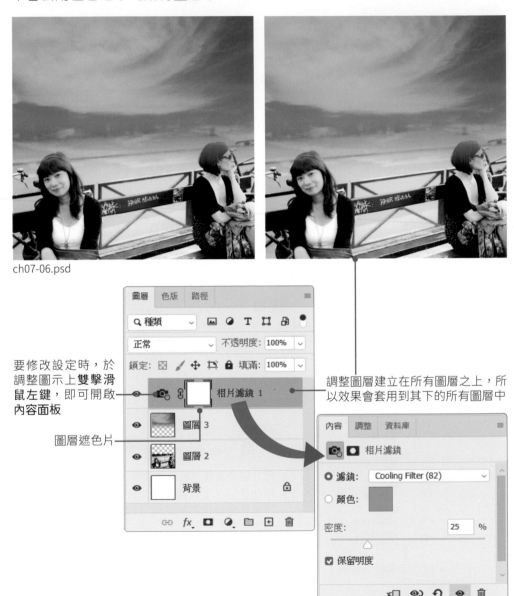

ch07-06.psd

要修改設定時，於調整圖示上**雙擊滑鼠左鍵**，即可開啟**內容面板**

圖層遮色片

調整圖層建立在所有圖層之上，所以效果會套用到其下的所有圖層中

　　要將調整圖層套用至單一圖層時，可以將調整圖層與下圖層**建立剪裁遮色片**，這樣調整圖層就只會套用在下圖層中。在**調整圖層**上按下**滑鼠右鍵**，於選單中執行「**建立剪裁遮色片**」指令，此時下圖層的圖層名稱就會出現底線，表示調整圖層與下圖層建立成群組了。

建立剪裁遮色片後，調整圖層只套用於**圖層3**中，而圖層2及背景圖層不受影響

📷 填滿圖層

　　使用**填滿圖層**可以在圖層中填入**純色**、**漸層**及**圖樣**等三種類型，**填滿圖層**不會改變原影像，且套用後若不滿意，還可以修改或直接刪除。

　　建立填滿圖層時，可以執行「**圖層→新增填滿圖層**」指令，或在圖層**面板**上按下**◎.建立新填色或調整圖層**按鈕，即可選擇要使用的類型。

　　填入漸層時，會開啟「漸層填色」對話方塊，選擇要使用的漸層，再按下「**確定**」按鈕，就會產生一個**漸層填色**圖層，並填入所選的漸層，若再配合混和模式，就可以創造出不一樣的效果。

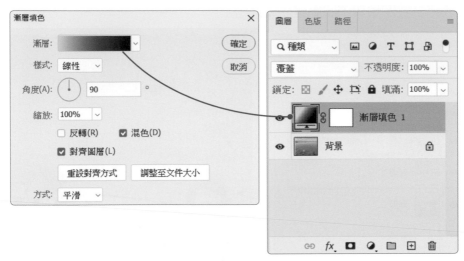

ch07-07.psd

在填滿圖層中填入漸層色彩，再配合混和模式，即可創造出不一樣的效果

　　要將填滿圖層套用至單一圖層時，請將填滿圖層與下圖層建立**剪裁遮色片**，這樣**填滿圖層**就只會套用在下圖層中。

7-6 圖層遮色片

進行影像合成時，會先選取影像中要合成的部分，再複製到要合成的影像中，這個方法雖然快速又簡便，但卻會破壞原影像，且日後也無法再進行編修的動作。

此時，可以使用**圖層遮色片**來進行影像合成的動作，將二張要合成的影像分別放在不同圖層中，再利用**圖層遮色片**編輯上圖層的顯示及隱藏的區域，即可達到影像合成的目的，而且還不會破壞原影像。

將選取範圍建立為圖層遮色片

建立圖層遮色片時，可以根據選取範圍或透明度來建立遮色片。在**圖層面板**中點選要建立圖層遮色片的圖層，接著在影像中建立選取範圍，建立好後再按下**圖層面板**上的 ▣ **圖層遮色片**按鈕，在選取的圖層中就會產生一個遮色片縮圖。

ch07-08.psd

圖層遮色片會依附在圖層中，而黑色的部分是要隱藏的範圍，白色部分則為要顯示的範圍。對下圖層(背景)而言，上圖層被塗黑的部分會變成透明，因此影像便有了穿透的效果

❷ 按下 ▣ **圖層遮色片**按鈕，即可增加遮色片

❶ 於影像中建立選取範圍

❸ 圖層遮色片隱藏了未選取範圍

使用漸層工具建立圖層遮色片

建立圖層遮色片時，黑色是隱藏區域，白色則為顯示區域，而藉由這樣的定義，可以利用黑到白的漸層，來控制不透明度的變化，達到二張影像重疊時的合成效果。

這裡以 **ch07-09.psd** 為例，使用 漸層工具將上圖層的河水與下圖層的魚群融合在一起。

背景圖層(ch07-09.psd)　　　　　　　　　　　　　　　　　　　　　　圖層1

合成結果(ch07-10.psd)

1 點選**圖層面板**中的**圖層1**，按下 ■ **圖層遮色片**按鈕，在**圖層1**中新增一個全白的圖層遮色片。

2 將前景色設為白色，背景色設為黑色，點選 ■ 漸層工具，選擇前景到背景的漸層色票，再按下 ■ 線性漸層按鈕。

3 將滑鼠游標移至影像中，由下往上拖曳滑鼠建立漸層。

4 放開滑鼠後，圖層遮色片就會填入由黑至白的漸層色，而背景圖層的下半部就被圖層1的魚群覆蓋。

📷 啟動與關閉圖層遮色片

若要暫時關閉圖層遮色片效果時，可以按著 **Shift** 鍵不放，再於圖層遮色片縮圖上按一下**滑鼠左鍵**，即可關閉圖層遮色片，關閉時縮圖上會顯示一個紅色叉叉，要再顯示時，於縮圖上再按一下**滑鼠左鍵**即可。

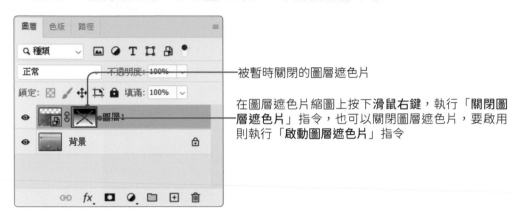

被暫時關閉的圖層遮色片

在圖層遮色片縮圖上按下**滑鼠右鍵**，執行「**關閉圖層遮色片**」指令，也可以關閉圖層遮色片，要啟用則執行「**啟動圖層遮色片**」指令

📷 連結與取消連結圖層遮色片

建立圖層遮色片時，在圖層與圖層遮色片兩個縮圖之間會顯示 🔗 鎖鏈圖示，表示圖層與圖層遮色片連結在一起，當兩者為連結狀態時，在使用 ✛ **移動工具**或是**變形工具**時，這些編輯動作會同時套用於圖層與圖層遮色片中。

要取消圖層與圖層遮色片的連結狀態時，只要在 🔗 鎖鏈圖示上按一下**滑鼠左鍵**，🔗 鎖鏈圖示就會消失，表示取消了連結關係，若要再恢復連結，在同一區域再按一下**滑鼠左鍵**即可。

沒有鎖鏈圖示表示圖層與圖層遮色片未連結在一起

解除連結後，移動圖層遮色片時，圖層中的影像不會跟著移動

刪除圖層遮色片

不使用圖層遮色片時，只要在**圖層面板**上點選**圖層遮色片縮圖**，按下 🗑 **刪除圖層**按鈕，便會直接將圖層遮色片刪除。

調整圖層遮色片

利用圖層遮色片**內容面板**可以調整遮色片的密度、羽化程度、邊緣、選取並遮住、顏色範圍及負片效果等。點選圖層遮色片縮圖後，再執行「**視窗→內容**」指令，即可開啟圖層遮色片內容面板進行相關的設定。

Ⓐ 設定遮色片的不透明度，數值越大越不透明，數值為 100% 時，表示完全不透明。

Ⓑ 設定遮色片邊緣的模糊程度，可以在遮色片周圍建立柔邊的效果。

Ⓒ 會開啟「調整遮色片」窗格，可以進行更多調整遮色片的設定。

Ⓓ 會開啟「顏色範圍」對話方塊，使用顏色範圍功能建立遮色片內容。

Ⓔ 會將遮色片中的顏色反轉，也就是原先被隱藏的區域(黑色)會反轉為顯示區域(白色)。

Ⓕ 可以將遮色片與圖層合併，並刪除隱藏的部分，以減少檔案大小。

7-7 剪裁遮色片

使用**剪裁遮色片**可以將某一個圖層,限制在其下圖層所構成的形狀中。以**ch07-11.psd**為例,將**圖層2**的影像套用至**圖層1**的形狀中,請選取**圖層面板**上的**圖層2**,在圖層上按下**滑鼠右鍵**,執行「**建立剪裁遮色片**」指令,即可將圖層2的影像套用至圖層1中。

ch07-11.psd

透明背景為不要的部分,當執行**剪裁遮色片**指令後,
透明背景就不會顯示影像(ch07-12.psd)

要解除剪裁遮色片時,在**圖層面板**中,於剪裁遮色片上按下**滑鼠右鍵**,執行「**解除剪裁遮色片**」指令(Alt+Ctrl+G)即可。

剪裁遮色片也可以應用在文字圖層中，以 **ch07-13.psd** 為例，使用剪裁遮色片，將**圖層 1** 的影像加入到文字圖層中。

圖層 1

TAIWAN 文字圖層

將圖層 1 的圖片加入到文字圖層中

ch07-13.psd

 建立剪裁遮色片時，也可以將滑鼠游標移至圖層與圖層之間，按著 Alt 鍵不放，再按下滑鼠左鍵，也可以建立剪裁遮色片。

7-8 綜合應用－立體照片與電影海報

　　學會了各種圖層的使用技巧後，是不是覺得圖層在進行影像編修、合成及設計時很有幫助呢？那麼接下來就實際應用到範例中吧！

📷 立體照片製作

　　在這個範例中要利用圖層樣式幫照片加上白色邊框、陰影及內陰影等效果，來增加照片的立體感，再使用旋轉、扭曲及彎曲等變形工具調整照片。

ch07-14.psd　　　　　　　　　　　　　　　　　　　　　　　　ch07-15.psd

1 在**圖層 1** 上**雙擊滑鼠左鍵**，開啟「圖層樣式」對話方塊，勾選**筆畫**樣式，將尺寸設定為 **8 像素**，位置設定為**外部**，顏色設定為**白色**。

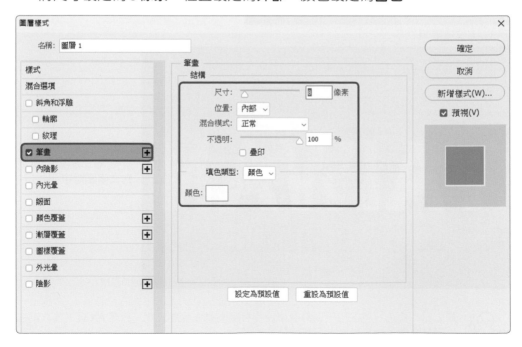

❷ 勾選**內陰影**樣式，將混合模式設為**色彩增值**，顏色為**黑色**，將不透明度設為80%，間距設為8**像素**，尺寸設為6**像素**。

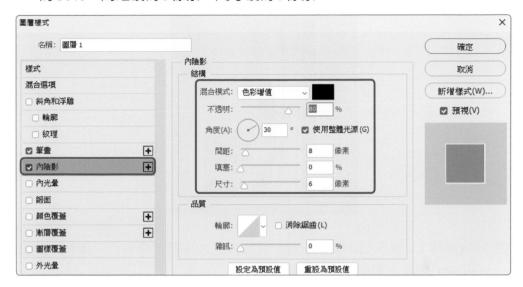

❸ 勾選**陰影**樣式，將混合模式設為**色彩增值**；將不透明度設為50%；角度設為120度；間距設為8**像素**；尺寸設為6**像素**，設定好後按下「**確定**」按鈕，即可將照片加上白色邊框、內陰影及陰影。

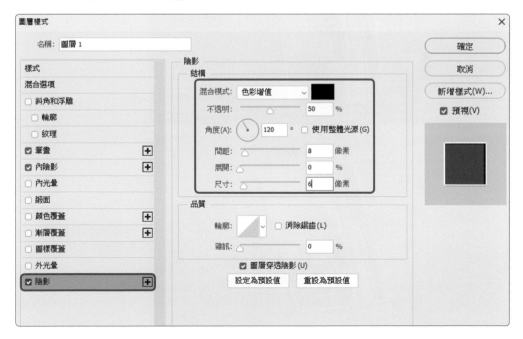

④ 經過圖層樣式設定後，照片較有立體感了。

⑤ 點選**圖層 1**，按下 **Ctrl+T** 快速鍵，將照片往右旋轉，再執行「**編輯→變形→扭曲**」指令，幫照片製作出透視感。

————— 旋轉照片

————— 使用**扭曲**或**透視**指令，
製作出照片的透視感

6 再執行「編輯→變形→彎曲」指令,製作出照片飄起來的感覺。

7 最後將圖層1的混合模式設為色彩增值,完成立體照片的製作。不同混合模式會有不同的效果,你可以試試其他效果,看看會有什麼樣的變化。

混合模式為色彩增值

混合模式為加深顏色,
不透明度設為72%

📷 電影海報製作

在第二個範例中,將學習如何利用**圖層遮色片**及  **漸層工具**做出合成效果,再利用**增加雜訊**濾鏡模擬底片顆粒的感覺。

ch07-16.psd   ch07-17.psd

1 於**圖層面板**中點選**圖層2**,按下 ◻ **圖層遮色片**按鈕,建立一個圖層遮色片。

2 將前景色設為**白色**,將背景色設為**黑色**,點選 ◨ **漸層工具**,於**選項列**中按下漸層色票選單鈕,於漸層揀選器中選擇**前景到背景**漸層色票,再按下 ◨ **線性漸層**按鈕。

3 將滑鼠游標移至圖層2的影像上,從影像的下半部由上往下拖曳,即可將影像下半部轉變為透明,以顯現出圖層1的影像。

4 完成漸層效果製作後,選取**圖層1**及**圖層2**,按下**Ctrl+Alt+E**快速鍵,將這兩個圖層合併為蓋印圖層。

將圖層1及圖層2
合併為蓋印圖層

⑤ 將兩個圖層合併為蓋印圖層後,執行「影像→調整→去除飽和度」指令 (Shift+Ctrl+U),將蓋印圖層去除飽和度。

⑥ 執行「濾鏡→雜訊→增加雜訊」指令,開啟「增加雜訊」對話方塊,將總量設為6%;分佈設為高斯;將單色的選項勾選,設定好後按下「確定」按鈕。

將影像增加雜訊效果,模擬底片顆粒的感覺

⑦ 按下**圖層面板**的 ❷ **建立新填色或調整圖層**按鈕，於選單中點選**漸層**，開啟「漸層填色」對話方塊，選擇要使用的漸層及樣式，設定好後按下「**確定**」按鈕，新增漸層填色圖層。

⑧ 漸層填色圖層設定好後，再將漸層填色圖層的混合模式設為**覆蓋**。到這裡海報就製作完成囉！

ch07-17.psd (漸層填色1圖層)

9 若不喜歡漸層填色的話,可以使用純色或圖樣來填色,製造出不同的效果。

使用純色來填色

ch07-17.psd (色彩填色1圖層)

使用漸層、純色及圖樣來填色(同時開啟圖樣填色1、色彩填色1及漸層填色1圖層)

ch07-17.psd

●●●● 自 我 評 量 ⊕

◎ 選擇題

( )1. 下列關於圖層的敘述，何者<u>不正確</u>？ (A)影像中包含圖層時，可以將檔案儲存成「psd」格式，才能完整將圖層及物件資訊儲存起來　(B)要開啟圖層面板時，執行「視窗→圖層」指令，或是按下F8鍵　(C)影像圖層又可分為背景圖層及一般圖層　(D)一個影像檔中只能有一個背景圖層，且都被放置於最底層。

( )2. 要新增圖層時，可以使用下列哪組快速鍵？ (A) Shift+Ctrl+N　(B) Shift+Ctrl+M　(C) Shift+Ctrl+O　(D) Shift+Ctrl+P。

( )3. 若只讓使用者編輯圖層中不透明的部分時，可以鎖定下列哪個項目？ (A)鎖定透明像素　(B)鎖定影像像素　(C)鎖定位置　(D)全部鎖定。

( )4. 在圖層面板中若想要選取不連續圖層時，可以使用下列哪個按鍵？ (A) Alt　(B) Shift　(C) Ctrl　(D) Tab。

( )5. 若要將目前作用中的圖層與下方圖層合併時，可以使用下列哪組快速鍵？ (A) Shift+Ctrl+E　(B) Shift+E　(C) Ctrl+Alt+E　(D) Ctrl+E。

( )6. 下列關於混合模式的敘述，何者<u>不正確</u>？ (A)當兩個圖層重疊時，透過混合模式的設定，會將兩個圖層的重疊像素之色彩混合，然後產生新的色彩　(B)溶解混合效果可以將上下圖層以像素互相混合為粗顆粒點狀效果　(C)正常混合模式是預設的模式，若上層物件的不透明度為0%時，那麼該圖層會完全覆蓋下層圖層　(D)覆蓋混合模式會加強影像對比與飽和度。

( )7. 如果要將圖層中的物件製作出外框時，可以使用下列哪個圖層樣式來達成？ (A)筆畫　(B)顏色覆蓋　(C)圖樣覆蓋　(D)外光量。

( )8. 下列關於調整圖層的敘述，何者<u>不正確</u>？ (A)新增調整功能時，會先建立一個相關的調整圖層，並將設定結果放置於調整圖層中，而不會直接改變影像　(B)在一個檔案中只能建立一個調整圖層　(C)使用調整圖層時，預設下會套用在它之下的所有圖層中　(D)若要將調整圖層套用至單一圖層時，可以將調整圖層與下圖層建立剪裁遮色片。

( )9. 下列關於填滿圖層的敘述，何者<u>不正確</u>？ (A)可以在圖層中填入純色、漸層及圖樣等三種類型　(B)若要將填滿圖層套用至單一圖層時，將填滿圖層與下圖層建立剪裁遮色片即可　(C)要建立填滿圖層時，可以執行「圖層→新增填滿圖層」指令　(D)無法設定填滿圖層的不透明度。

( ) 10. 若要暫時關閉圖層遮色片效果時,可以按著下列哪個按鍵不放,再於圖層遮色片縮圖上按下一下滑鼠左鍵? (A) Alt (B) Shift (C) Ctrl (D) Tab。

◎ 實作題

1. 開啟「CH07 → ch07-a.psd」檔案,進行以下的設定。

● 將圖層 3 加入漸層遮色片,製作出圖層 2 及圖層 3 融合的效果。

● 新增一個漸層填色,自行設計漸層色票、角度、混合模式及透明度等。

2. 開啟「CH07 → ch07-b.psd」檔案,進行以下的設定。

● 將圖層 1 的混合模式設定為實光;圖層 2 的混合模式設定為覆蓋。

● 將圖層 2 中的影像水平翻轉。

● 新增一個圖樣填滿圖層,填入「畫布」圖樣,混合模式設定為色彩增值,不透明度設定為 50%。

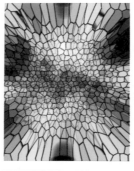

CHAPTER 08

路徑與向量形狀的繪製

8-1 使用筆型工具繪製路徑

Photoshop 可以使用筆型工具或創意筆工具來建立路徑，這裡就來看看該如何建立路徑。

認識路徑

在 Photoshop 中，路徑是用來定義形狀的外框，而它的用途也非常廣，主要有以下幾種使用方式：

- 將路徑當成向量圖遮色片使用，作用如同圖層遮色片，可以隱藏圖層中的某些區域，或是進行去背的動作。
- 可以將路徑轉換為選取範圍，或是點陣圖，進行編修的動作。
- 可以將已儲存的路徑指定為剪裁路徑，將影像轉存至其他軟體中使用。

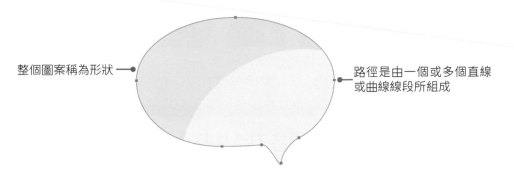

整個圖案稱為形狀 ← 路徑是由一個或多個直線或曲線線段所組成

筆型工具的使用

使用 筆型工具可以繪製出直線路徑及曲線路徑，點選**工具面板**上的 筆型工具，即可在文件視窗中進行路徑的繪製。

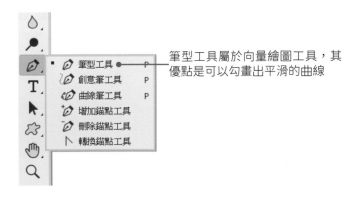

筆型工具屬於向量繪圖工具，其優點是可以勾畫出平滑的曲線

繪圖模式

使用筆型工具或形狀工具時，可以在**選項列**中選擇繪圖模式，不同的模式會建立不同的物件，說明如下：

提供了**形狀**、**路徑**及**像素**等模式

☐ **形狀**：可以將路徑建立為向量形狀，繪製時會產生一個獨立的形狀圖層，而該形狀圖層可以進行填色、圖層樣式等設定。

☐ **路徑**：會在目前圖層上繪製時，只會得到**工作路徑**，路徑會儲存於**路徑面板**中，可以利用工作路徑建立選取範圍、向量圖遮色片，或是以顏色填滿。

☐ **像素**：會直接在目前作用中的圖層上繪製，而繪製的結果會建立為點陣形狀，而不是向量形狀。此模式只適用於**形狀工具**。

直線路徑的繪製

使用 ✎ **筆型工具**繪製直線路徑時，只要在影像上點按即可，每按一下就會產生一個**錨點**，兩個錨點之間就會連成一條直線路徑，將起點與終點連接起來時，會形成封閉路徑。

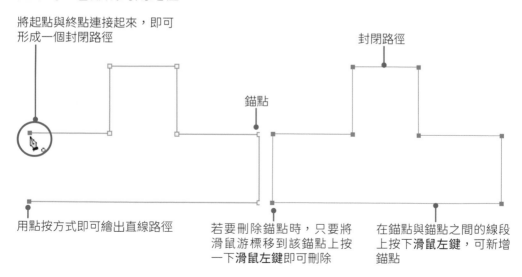

將起點與終點連接起來，即可形成一個封閉路徑

封閉路徑

錨點

用點按方式即可繪出直線路徑

若要刪除錨點時，只要將滑鼠游標移到該錨點上按一下**滑鼠左鍵**即可刪除

在錨點與錨點之間的線段上按下**滑鼠左鍵**，可新增錨點

要製作**開放路徑**時，在完成最後一個錨點後，到**工具面板**中再按一下 🖊️.
筆型工具，即可完成開放路徑的製作。

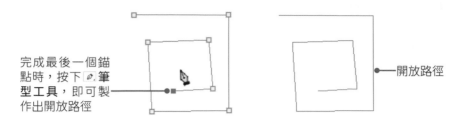

完成最後一個錨
點時，按下 🖊️.筆
型工具，即可製
作出開放路徑

開放路徑

 繪製直線路徑時，配合 Shift 鍵，可以畫出 45 度倍數的直線。

曲線路徑的繪製

建立錨點並拖曳滑鼠時，可以將錨點設為方向點，方向點上的方向線便
可用來控制曲線的弧度。方向線和方向點的位置會決定曲線線段的尺寸和形
狀。

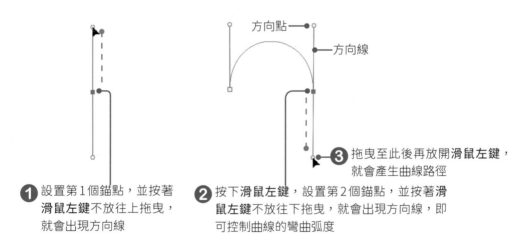

方向點

方向線

❸ 拖曳至此後再放開**滑鼠左鍵**，
就會產生曲線路徑

❶ 設置第 1 個錨點，並按著
滑鼠左鍵不放往上拖曳，
就會出現方向線

❷ 按下**滑鼠左鍵**，設置第 2 個錨點，並按著**滑
鼠左鍵**不放往下拖曳，就會出現方向線，即
可控制曲線的彎曲弧度

📷 用筆型工具建立選取範圍

筆型工具除了用來建立路徑外，還可以用來選取具圓滑邊緣的物件，讓
選取時更為精準，這裡以 ch08-01.jpg 為例，利用 🖊️.**筆型工具**幫咖啡拉花建
立路徑，再將路徑轉換為選取範圍，達到去背的效果。

1 點選 ✐ **筆型工具**，幫咖啡拉花繪製出路徑。

 在建立曲線的過程中，若想要調整錨點或是方向線的位置時，可以按著 **Ctrl** 鍵不放，將模式暫時切換為 ☞ **路徑選取工具**，然後再去拖曳錨點或方向點，即可調整位置及曲線的彎度。

2 繪製出路徑後，若有要調整的地方，可以使用 ✐ **轉換錨點工具**，來調整路徑的弧度。

✐ **轉換錨點工具**可以調整路徑的弧度或改變外觀形狀

 要調整路徑外觀或局部修改某些錨點弧度時，可以使用 ☞ **直接選取工具**來點選要修改的路徑或錨點。

③ 路徑建立好後，執行「**視窗→路徑**」指令，開啟**路徑面板**，按下 ⊙ **載入路徑作為選取範圍**按鈕，即可將路徑轉為選取範圍。

路徑變成選取範圍了

④ 接著按下 **Ctrl+J** 快速鍵，將選取範圍建立到新圖層中，再將背景圖層隱藏起來，即可看到去背完成的咖啡拉花。

ch08-02.psd

📷 創意筆工具

使用 ✐ **創意筆工具**可以依物件輪廓邊緣移動產生路徑，而路徑會緊貼邊緣並自動產生錨點，當終點與起點相接時即可結束選取，其使用方法有點類似套索工具。

　　點選**工具面板**上的 **創意筆工具**，於**選項列**將**磁性**選項勾選，即可使用具有磁性的創意筆工具自動繪製路徑。

ch08-03.jpg

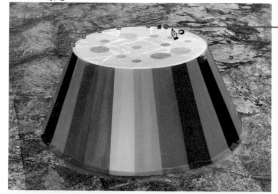

使用磁性的創意筆工具會自動產生路徑

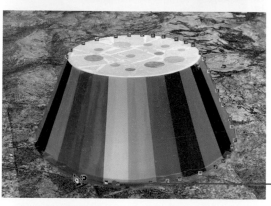

沿著物件邊緣移動時，可以隨時按下滑鼠左鍵手動設定錨點，若要刪除錨點時，可以按下Delete鍵

繪製出路徑後，若有要調整的地方，可以使用 轉換錨點工具，或 直接選取工具來調整路徑

📷 曲線筆工具

✐ 曲線筆工具是一個直覺式的工具，可以繪製曲線及直線線段，在設定錨點時就可以微調路徑。

❶ 按下滑鼠左鍵，設置第1個錨點

❷ 在第2個位置，按下滑鼠左鍵，設定第2個錨點，完成第一個線段

❸ 若要建立曲線，再按一下滑鼠左鍵，並拖曳滑鼠，前一個線段就會自動變成平滑的曲線，此時即可繪製出曲線

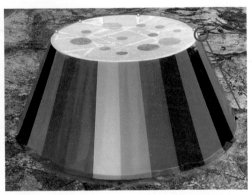

❹ 若下一個線段想要繪製直線，則雙擊滑鼠左鍵，再拖曳滑鼠至下一個位置，即可繪製出直線

❺ 建立路徑的過程中，無須轉換任何工具，即可在線段的任意處加入及刪除錨點，或拖曳錨點調整位置，調整時，鄰近的線段也會自動修改

8-2 形狀工具的使用

Photoshop 提供了矩形工具、圓角矩形工具、橢圓工具、多邊形工具、直線工具及自訂形狀工具等，可以繪製出各種形狀或是路徑。

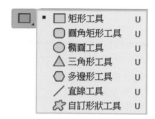

🔲 使用形狀工具繪製路徑

使用形狀工具可以繪製出各種不同形狀的路徑，雖然形狀不同，但建立的方法及設定大致上是相同的，點選要使用的形狀工具後，於**選項列**設定繪圖模式及形狀的屬性。

在視窗中拖曳滑鼠，即可繪製出路徑、形狀或是點陣圖形。在繪製形狀時，配合 **Shift** 鍵可以繪製出正方形、正圓形、45 度倍數的直線；配合 **Alt** 鍵，則會以拖曳起點為形狀的中心點往外繪製。

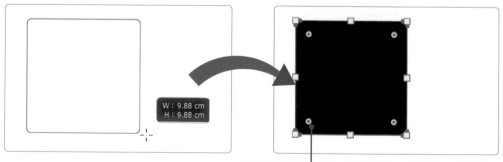

形狀工具中的矩形、圓角矩形、三角形、橢圓形、多邊形這五款工具中，提供了**圓角控制點**，拖曳控制點，即可調整交界處的圓角弧度

📷 形狀路徑的屬性設定

每一種形狀都有不同的屬性可以設定,說明如下:

▨ **矩形工具** ▣ :可以設定要繪製的形狀大小。

此處可設定當繪製矩形時,可以選擇正方形、
固定尺寸或是等比例繪製,若不強制大小時,
請點選**未強制**選項。勾選**從中央**選項時,可以
使用拖曳點做為形狀的中心位置

▨ **圓角矩形工具** ▣ :可以設定的屬性與矩形相同,但多了一個**圓角半徑**可
以設定圓角的弧度。

設定圓角半徑,數值越大,
圓角的弧度就越大

▨ **橢圓工具** ◯ :可以設定的屬性與矩形相同。

☐ **三角形工具** △ ：可以設定的屬性與圓角矩形相同。

☐ **多邊形工具** ○ ：可以設定多邊形的轉折角、內縮側邊百分比、多邊形的邊數等。

設定多邊形的邊數，需介於 3~100 之間

繪製星形時可以設定星芒佔星形半徑的比例

勾選時可以將多邊形的內角變圓角

☐ **直線工具** ╱ ：可以設定線段的起始及末端的箭頭，及線段的寬度。

勾選時可以在線段起始或終點加入箭頭

設定箭頭的寬度／長度與線段寬度的比例

設定箭頭的凹度，需介於 -50%~50% 之間

☐ **自訂形狀工具** 🎨：可以設定的屬性與矩形相同，但多了 Photoshop 所提供的內建形狀，可以快速地建立形狀。

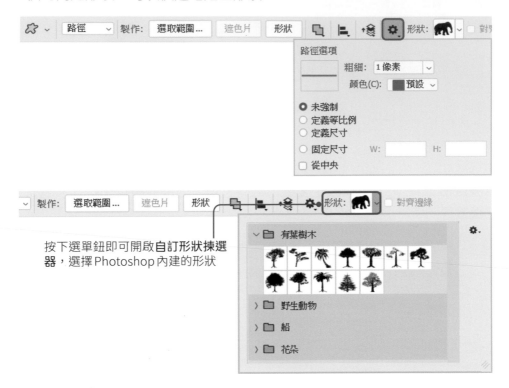

按下選單鈕即可開啟**自訂形狀揀選器**，選擇 Photoshop 內建的形狀

📷 使用形狀工具繪製形狀

使用形狀工具繪製形狀時，可以設定形狀的填滿類型、筆觸、線條樣式等。在影像中加入形狀時，選擇好要使用的形狀，再於影像文件中按著**滑鼠左鍵**不放並拖曳即可繪製出形狀，完成繪製後，會自動建立該形狀的圖層。

ch08-04.jpg

繪製好形狀後，在**選項列**中的**填滿色塊**上，按下**滑鼠左鍵**，開啟填滿色彩選單後，即可選擇要填入純色、漸層或是圖樣。

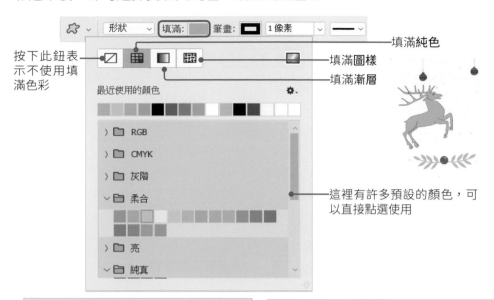

按下此鈕表示不使用填滿色彩

填滿純色

填滿圖樣

填滿漸層

這裡有許多預設的顏色，可以直接點選使用

使用**選項列**中的**筆畫**選項，可以設定形狀的外框線，跟填滿一樣，提供了純色、漸層及圖樣等筆畫。

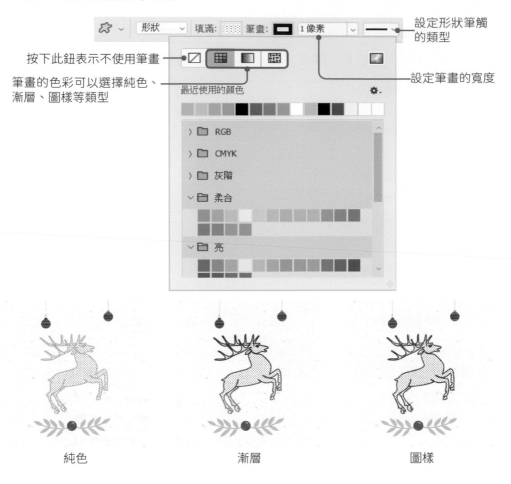

按下此鈕表示不使用筆畫

筆畫的色彩可以選擇純色、漸層、圖樣等類型

設定形狀筆觸的類型

設定筆畫的寬度

純色　　　　　　　　漸層　　　　　　　　圖樣

形狀加入外框後，還可以選擇外框要使用實線或是虛線，按下**選項列**上的**設定形狀筆觸類型**按鈕，即可選擇使用實線或虛線。

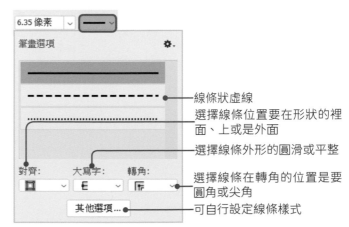

線條狀虛線

選擇線條位置要在形狀的裡面、上或是外面

選擇線條外形的圓滑或平整

選擇線條在轉角的位置是要圓角或尖角

可自行設定線條樣式

若內建的虛線都不適用時，可以按下**其他選項**按鈕，開啟「筆畫」對話方塊，即可自訂虛線樣式。

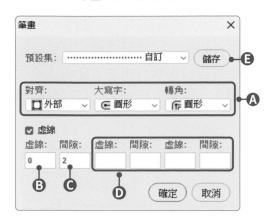

A 設定線條的對齊、大寫字、轉角樣式。
B 設定虛線的長度。
C 設定間隙的長度。
D 設定其他組的虛線長度及間隙長度。
E 按下**儲存**按鈕可以將自訂的虛線儲存起來。

當第1個形狀製作完成後，可以再加入其他形狀，加入時會自動建立另一個圖層，而格式也會直接套用上一個形狀的設定值。

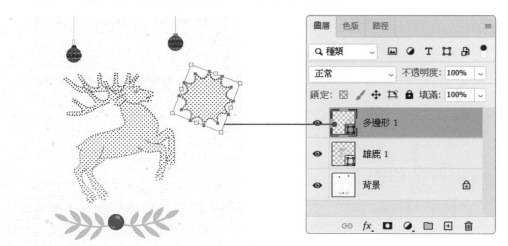

ch08-04.psd

繪製好形狀後，除了在**選項列**中進行形狀的大小及外觀設定外，也可以進入**內容面板**中來調整形狀的大小及外觀。

定義自訂形狀

除了使用 Photoshop 內建的自訂形狀外，若有自行繪製或常用的圖案，可以將它們製作成路徑，再載入至自訂形狀揀選單中即可使用。

在 **ch08-05.psd** 檔案中，已使用形狀工具製作好一個對話框，若要將此對話框定義為形狀時，只要執行「**編輯→定義自訂形狀**」指令，開啟「**形狀名稱**」對話方塊，幫形狀命名，設定好後按下「**確定**」按鈕，在**自訂形狀揀選單**中即可看到該形狀。

ch08-05.psd

按下此鈕，於選單中點選**讀入形狀**，即可載入 .csh 檔案格式

自行設定的形狀

若將自訂的形狀儲存時，會以 *.csh 檔案格式儲存，而要載入自訂形狀時，也必須載入 *.csh 檔案格式。

形狀的組合

繪製形狀或路徑時，可以按下**選項列**上的 **路徑操作**按鈕，來組合形狀、去除前面形狀、形狀區域相交及排除重疊形狀等，進行形狀或路徑的組合排列。

組合形狀

在預設下，繪製形狀時，會將該形狀建立在新圖層中；繪製第二個形狀時，會再新增一個圖層。若想要將形狀組合起來，並繪製在同一圖層時，可以按下 🔲 **路徑操作**按鈕，於選單中點選**組合形狀**，那麼在繪製第二個形狀時，便可位於同一圖層中，而變成一個形狀。

ch08-06.psd

兩個形狀組合在一起，且位於同一個圖層中

去除前面形狀

建立形狀時，若點選**去除前面形狀**，那麼形狀與形狀重疊處就會被去除，而被去除的部分就會呈現為白色狀態。

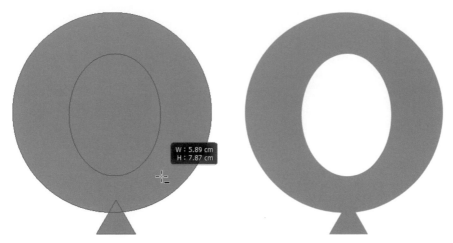

二個形狀的重疊處會被刪除

形狀區域相交

建立形狀時，若點選**形狀區域相交**，只會將兩個形狀重疊的部分留下。

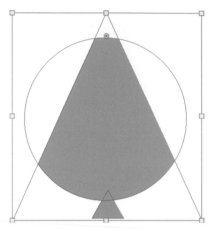 

只留下兩個形狀重疊的部分

排除重疊形狀

建立形狀時，若點選**排除重疊形狀**，會將兩個形狀重疊的部分減去。

減去兩個形狀重疊的部分

◎知識補充：建立形狀對話方塊

建立各種形狀時，點選**工具面板**上的形狀工具後，將滑鼠游標移至文件視窗中，按一下**滑鼠左鍵**，即可開啟建立形狀對話方塊，在對話方塊中可以自訂形狀的寬度及高度，以及該形狀特有的屬性設定，設定好後按下「**確定**」按鈕，即可在文件中建立形狀。

⬚ 調整形狀大小

　　調整已建立的形狀時，可以在**內容面板**中調整大小、設定位置、填滿色彩及筆畫等。而所有形狀也都能執行「**編輯→任意變形**」指令，進行大小、旋轉等變形處理。

8-3 路徑的編輯與管理

學會了各種繪製路徑及形狀的方法後,接著將學習如何編修路徑及管理路徑。

📷 路徑的顯示

要在文件視窗中顯示之前所繪製的路徑時,可以到**路徑面板**中選取工作路徑,文件視窗就會顯示出該路徑。

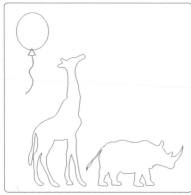

ch08-07.psd

在**路徑面板**中點選**工作路徑**,文件視窗才會顯示該路徑

📷 路徑的選取、移動及變形

要選取文件視窗中的路徑時,點選**工具面板**上的 ▶. **路徑選取工具**,再去點選要選取的路徑,該路徑就會顯示錨點。

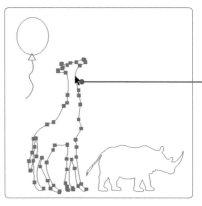

使用 ▶. **路徑選取工具**直接點選要選取的路徑,點選後即可進行移動的動作
要選取多個路徑時,先按著 Shift 鍵不放,再去點選要選取的路徑

使用筆型工具繪製路徑時,可以按下 Ctrl 鍵,將模式暫時轉換為路徑選取工具模式。

要將路徑進行放大、縮小、旋轉、扭曲等調整,可以執行「**編輯→變形路徑**」指令,或執行「**編輯→任意變形路徑**」指令,進行各項變形的操作。

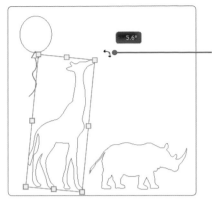

執行「**編輯→任意變形路徑**」指令,即可進行變形的操作

編輯路徑及錨點

要修正路徑或錨點形狀及方向時,先在**工具面板**上點選 ⏸️ **直接選取工具**,然後再去點選要修改的路徑或錨點,即可拖曳路徑、錨點或是方向點來調整路徑。

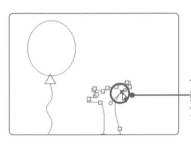

使用 ⏸️ **直接選取工具**點選要修改的錨點,即可進行調整的動作。被選取的錨點會以實心正方形呈現,未選取的錨點則空心正方形呈現

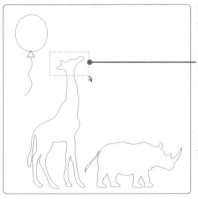

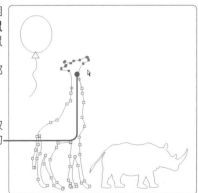

若一次要選取多個錨點時,按著**滑鼠左鍵**,並拖曳滑鼠圈選出一個範圍,範圍內的錨點就都會被選取

用滑鼠拖曳出選取範圍,在範圍內的錨點都會被選取

增加及刪除錨點

　　要在路徑中增加錨點時，點選**工具面板**上的 增加錨點工具，再於要加入錨點的線段上按一下，即可增加錨點。

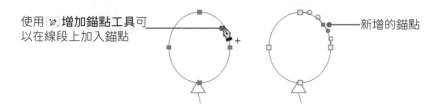

使用 增加錨點工具可以在線段上加入錨點

新增的錨點

　　要刪除錨點時，點選**工具面板**上的 刪除錨點工具，再點選要刪除的錨點，即可刪除該錨點。

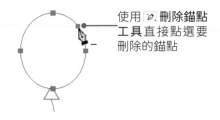

使用 刪除錨點工具直接點選要刪除的錨點

轉換錨點

　　使用**工具面板**上的 轉換錨點工具，可以將平滑點轉換為轉折點，或是將轉折點轉換為平滑點。

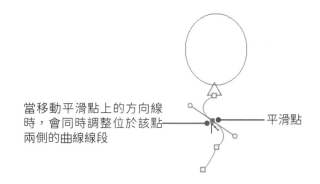

當移動平滑點上的方向線時，會同時調整位於該點兩側的曲線線段

平滑點

　　要將錨點兩邊的線段轉換成直線時，使用 轉換錨點工具在錨點上按一下，平滑點就會變成轉折點；要將錨點兩邊的線段轉換成曲線時，則要拖曳錨點重新設定方向線。使用 直接選取工具，再按著 Alt 鍵，調整曲線錨點其中一個方向線，也可以將平滑點轉換為轉折點。

將工作路徑儲存為一般路徑

繪製路徑時，**路徑面板**會將路徑以**工作路徑**來暫存目前繪製的路徑，若要讓工作路徑被保存下來，可以將工作路徑儲存起來。在**路徑面板**中雙擊工作路徑，會開啟「儲存路徑」對話方塊，在名稱欄位中輸入路徑名稱，輸入好後按下「**確定**」按鈕，即可將工作路徑轉換成一般路徑。

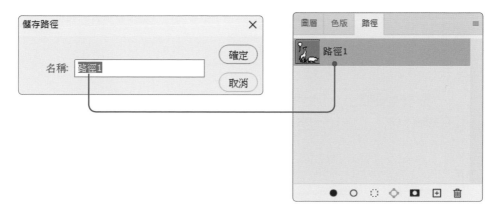

將工作路徑轉換為一般路徑後，路徑就會隨著檔案一起儲存，而支援路徑的檔案格式有：psd、jpg、tif、eps、dcs、pdf等。

填滿路徑

在路徑中填滿顏色時，先選取要填色的路徑，再按下**路徑面板**上的 ● 以**前景色填滿路徑**按鈕，即可將選取的路徑填入顏色。

 當填滿路徑時，顏色便會出現在作用中的圖層中。

要將文件視窗中的所有路徑都填入相同色彩時,或是想要填入其他色彩、圖樣時,可以在**路徑面板**中點選要填色的路徑,再按下**滑鼠右鍵**,於選單中執行「**填滿路徑**」指令,開啟「填滿路徑」對話方塊,即可設定要填入的內容、混合模式、不透明度及羽化強度等。

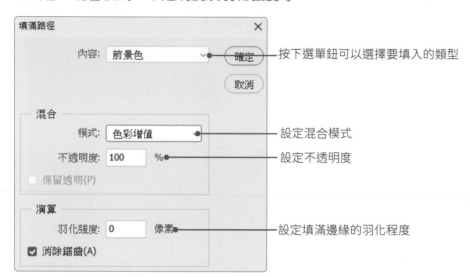

按下選單鈕可以選擇要填入的類型

設定混合模式

設定不透明度

設定填滿邊緣的羽化程度

在路徑面板中選取路徑,按著 Alt 鍵,並按一下路徑面板上的 ● 以前景色填滿路徑按鈕,也可以開啟「填滿路徑」對話方塊。

📷 將路徑轉換為向量圖遮色片

向量圖遮色片的作用與圖層遮色片一樣,可以控制圖層顯示與隱藏區域,只是向量圖遮色片的顯示範圍是依路徑而來。這裡以 ch08-08.psd 為例,在影像中建立向量圖遮色片。

1 挑選一個形狀,並將模式設定為**路徑**模式,接著於影像中建立路徑。

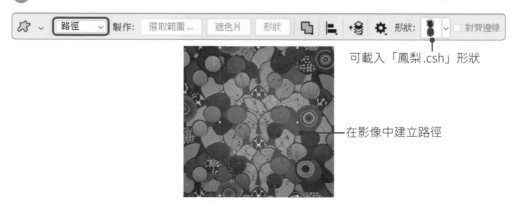

可載入「鳳梨.csh」形狀

在影像中建立路徑

② 建立好路徑後，在**路徑面板**中按下 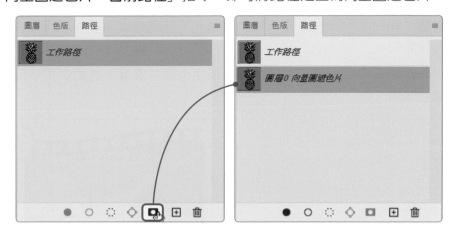 圖層遮色片按鈕，或執行「**圖層→向量圖遮色片→目前路徑**」指令，即可將路徑建立為向量圖遮色片。

③ 圖層 0 中的影像就會依向量圖遮色片上的路徑來顯示。

向量圖遮色片，白色代表要顯示的
範圍，灰色代表要隱藏的範圍

ch08-09.psd

 要刪除向量圖遮色片時，直接將向量圖遮色片拖曳至刪除圖層按鈕上即可。

8-4 綜合應用－底片邊框製作

學會了路徑及形狀的使用技巧後，接下來就來看看該如何將路徑及形狀應用到設計中。

在底片邊框範例中要使用形狀工具製作出底片邊框，再用變形功能製作底片彎曲效果。

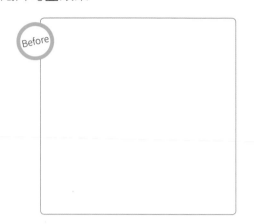

ch08-10.psd

📷 底片邊框製作

① 建立一個500×500像素的新文件。

② 點選**工具面板**上的 ▢ **矩形工具**，於**選項列**中選擇**形狀**模式，設定好後，於文件視窗中建立一個矩形。

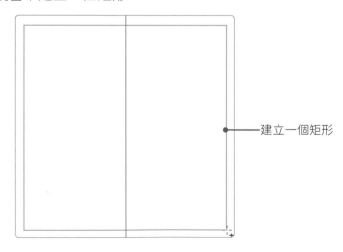

建立一個矩形

③ 點選**工具面板**上的 圓角矩形工具，於**選項列**中選擇**形狀**模式，按下 **路徑操作**按鈕，於選單中點選**去除前面形狀**，將圓角半徑設為**5像素**，設定好後，於矩形上繪製底片的洞。

④ 底片的洞繪製好後，點選**工具面板**上的 **路徑選取工具**，選取**圓角矩形**，按下鍵盤上的 **Ctrl+C** 快速鍵，複製該圓角矩形，再按下 **Ctrl+V** 快速鍵約12次，複製出12個圓角矩形。

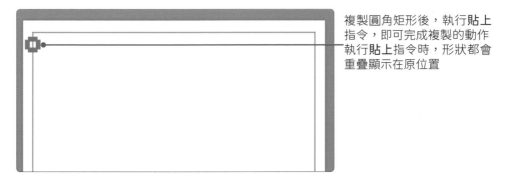

複製圓角矩形後，執行**貼上**指令，即可完成複製的動作
執行**貼上**指令時，形狀都會重疊顯示在原位置

⑤ 將複製出來的最上層圓角矩形搬移至最右邊。

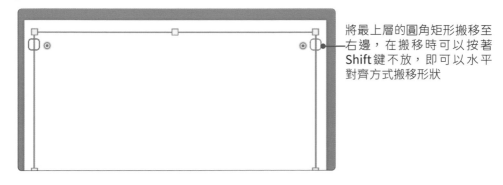

將最上層的圓角矩形搬移至右邊，在搬移時可以按著 **Shift** 鍵不放，即可以水平對齊方式搬移形狀

6 選取文件中的所有圓角矩形，選取好後，按下**選項列**上的 路徑對齊方式按鈕，於選單中點選 水平分配，即可將所有所有圓角矩形的距離設定為相等。

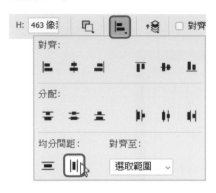

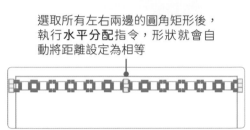

選取所有左右兩邊的圓角矩形後，執行**水平分配**指令，形狀就會自動將距離設定為相等

7 上排的洞製作完成後，再按下 Ctrl+C 快速鍵，複製上排所有的圓角矩形，再按下 Ctrl+V 快速鍵，即可複製出上排的圓角矩形，接著再使用 路徑選取工具將複製出來的圓角矩形搬移至下方。

將上排圓角矩形複製到下排

8 底片的洞製作完成後，點選**工具面板**上的 矩形工具，於**選項列**中選擇形狀模式，按下 路徑操作按鈕，於選單中點選排除重疊形狀，設定好後，再於文件窗中繪製出矩形，這樣底片的外觀就完成了。

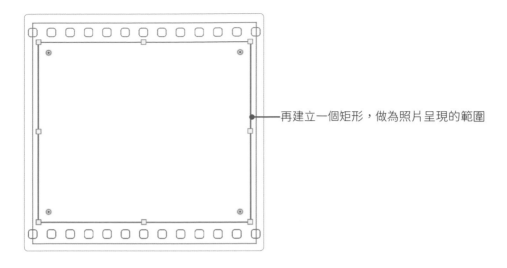

再建立一個矩形，做為照片呈現的範圍

⑨ 底片外觀完成後，按下**選項列**上的**填滿**選單鈕，將形狀填入深咖啡色。

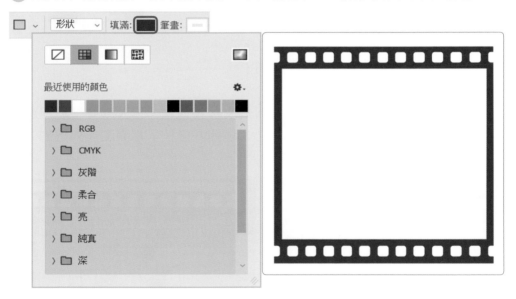

📷 使用智慧型物件功能加入圖片

　　底片形狀製作完成後，接著要在新圖層中以智慧型物件方式加入 ch08-10.jpg圖片。**智慧型物件**可以保留影像的來源內容，包括任何的特性及設定，且能以非破壞性的方式編輯圖層，在進行縮放、旋轉、傾斜、扭曲、變形透視或彎曲圖層時，都不會破壞原始影像的資料及品質。

1 請開啟存放檔案的資料夾，將圖片直接拖曳到文件視窗中，圖片就會以**智慧型物件**方式加入。

2 此時圖片會以智慧型物件方式加入於文件視窗中。置入時會呈現選取狀態，接著大致調整圖片位置及大小，調整好後按下**相關工作列**上的「**完成**」按鈕。

加入智慧型物件後，即可利用四周的控點來調整物件的大小，將滑鼠游標移至物件上按著**滑鼠左鍵**不放，即可搬移物件

調整好後按下「**完成**」按鈕

③ 完成調整後，再將該圖層的位置移至**矩形 1** 圖層之下。

④ 點選**工具面板**上的 ▶️ **路徑選取工具**，選取中間的矩形，再進入**路徑面板**中按下 ◌ **載入路徑作為選取範圍**按鈕，將中間的矩形轉換為選取範圍。

使用路徑選取工具選取中間的矩形

將路徑轉為選取範圍

⑤ 將中間的矩形轉換為選取範圍後，進入**圖層面板**中，點選 **ch08-10** 圖層，
再按下■**圖層遮色片**按鈕，圖片就只會顯示於遮色片範圍內。

建立遮色片後，圖片便只會顯示於遮色片範圍內

⑥ 到這裡底片效果的邊框就製作完成了。

📷 底片彎曲效果製作

這裡將以使用變形功能來製作出底片彎曲效果。

① 先選取**矩形1**圖層與 **ch08-10** 圖層，按下 **Ctrl+Alt+E** 快速鍵，將二個圖層
合併為蓋印圖層，再將**矩形1**及 **ch08-10** 圖層隱藏。

隱藏這二個圖層

2 選取合併後的圖層，先將圖層轉換為智慧型物件，執行「**圖層→智慧型物件→轉換為智慧型物件**」指令，即可將圖層轉換為智慧型物件，這樣在進行變形的過程中，較不會讓影像產生鋸齒。

3 執行「**編輯→變形→傾斜**」指令，將圖層進行傾斜設定。

4 傾斜設定完成後，再執行「**編輯→變形→彎曲**」指令，進行彎曲的設定。

5️⃣ 接著要使用漸層工具製作出反光效果，請先將合併圖層中的物件轉為選取狀態，再新增一個圖層。

6️⃣ 將前景色設為**白色**，點選 ▣ **漸層工具**，選擇**前景到透明**漸層色，再按下 ▱ **反射性漸層**按鈕。

7️⃣ 漸層設定好後，從物件位置按住**滑鼠左鍵**往右邊拖曳，就會拖曳出白色反光漸層，因為有選取範圍，所以漸層只會產生於選取範圍內。

8️⃣ 加入反光漸層後，再將圖層的**不透明度**設為 60%，即可完成反光的設定。

◎ 知識補充：智慧型物件

將圖片以拖曳方式加入文件視窗中，Photoshop 會自動將該圖片設定為**智慧型物件**，而執行「**檔案→置入**」指令，也會將檔案以智慧型物件讀入已開啟的文件視窗中，可置入的檔案格式有 jpg、tif、psd、pdf、ai、raw 等。

使用智慧型物件的好處有很多，當進行繁複的放大及縮小時，都不會破壞圖檔的品質，若想要編輯智慧型物件時，只要在圖層縮圖上**雙擊滑鼠左鍵**，即可開啟該物件的原始影像及相對應的軟體讓我們編輯。除此之外，還可以將智慧型物件轉存，或是取代智慧型物件。

● 取代內容

使用智慧型物件時，可以一次將影像中所有同一來源的智慧型物件一併更換，只要在其中一個要置換的智慧型物件圖層上按下**滑鼠右鍵**，於選單中執行「**取代內容**」指令，或執行「**圖層→智慧型物件→取代內容**」指令，開啟「取代檔案」對話方塊，選擇要取代的圖片，即可完成取代的動作。

複製的物件與原物件具有連結性

使用**取代內容**指令可以一次換掉影像中所有同一來源的智慧型物件

ch08-11.psd

原圖層內容

ch08-12.psd

取代後的內容

8-35

●重設變形

將智慧型物件進行變形設定後，若要重新設定時，只要在該「智慧型物件」圖層上按下**滑鼠右鍵**，於選單中點選「**重設變形**」指令。

●將智慧型物件轉換為一般圖層

要將智慧型物件轉換回一般圖層時，Photoshop會以目前的尺寸及設定來點陣化內容，所以建議不再需要編輯智慧型物件時，再將智慧型物件轉換為一般圖層。

選取智慧型物件圖層後，執行「**圖層→智慧型物件→點陣化**」指令，即可將智慧型物件轉換為一般圖層。

轉為一般圖層後，智慧型物件圖示就會消失

自我評量

選擇題

( )1. 下列關於路徑的敘述，何者**不正確**？ (A)路徑是用來定義形狀的外框　(B)可以將路徑轉換為選取範圍　(C)路徑是由一個或多個直線或曲線段所組成　(D)可以使用印章工具來建立路徑。

( )2. 若要將路徑建立為向量形狀時，在繪圖模式中應選擇？ (A)形狀模式 (B)路徑模式　(C)向量模式　(D)像素模式。

( )3. 在使用筆型工具繪製路徑時，配合下列哪個按鈕，可以畫出45度倍數的直線？ (A) Alt　(B) Ctrl　(C) Shift　(D) Tab。

( )4. 在使用筆型工具繪製路徑時，可以使用下列哪個按鈕，將模式暫時轉換為路徑選取工具模式？ (A) Alt　(B) Ctrl　(C) Shift　(D) Tab。

( )5. 下列哪個工具可以依物件輪廓邊緣移動產生路徑，而路徑會緊貼邊緣並自動產生錨點？ (A)筆型工具　(B)曲線筆工具　(C)創意筆工具　(D)增加錨點工具。

( )6. 在繪製形狀時，只想將兩個形狀重疊的部分留下，可以將路徑操作設為下列哪種模式？ (A)組合形狀　(B)去除前面形狀　(C)形狀區域相交　(D)排除重疊形狀。

( )7. 在繪製形狀時，要將兩個形狀重疊的部分刪除，可以將路徑操作設為下列哪種模式？ (A)組合形狀　(B)去除前面形狀　(C)形狀區域相交　(D)排除重疊形狀。

( )8. 若將自訂的形狀儲存時，會儲存為下列哪個格式？ (A) psd　(B) jpg　(C) gif　(D) csh。

( )9. 將工作路徑轉換為一般路徑後，路徑就會隨著檔案一起儲存，而下列哪種檔案格式**沒有**支援路徑的儲存？ (A) psd　(B) jpg　(C) gif　(D) tif。

( )10. 下列關於「智慧型物件」的敘述，何者**不正確**？ (A)無法將智慧型物件轉換為一般圖層　(B)使用智慧型物件時，可以一次將影像中所有同一來源的智慧型物件一併更換　(C)當進行放大及縮小時，都不會破壞圖檔的品質　(D)將圖片以拖曳方式加入文件視窗中，就會自動將該圖片設定為智慧型物件。

◎ 實作題

1. 開啟「CH08 → ch08-a.psd」檔案，進行以下的設定。

　● 使用矩形工具製作出如下所示的路徑。

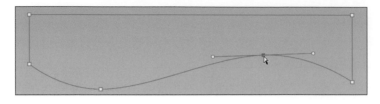

　● 將路徑轉換為選取範圍，並填入漸層填色圖層的漸層色彩。

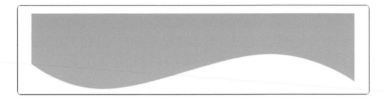

2. 開啟「CH08 → ch08-b.psd」檔案，進行以下的設定。

　● 在圖層 1 中加入「小熊」形狀（請自行載入該形狀）。
　● 將路徑轉換為向量圖遮色片。
　● 將圖層 1 加入筆畫。

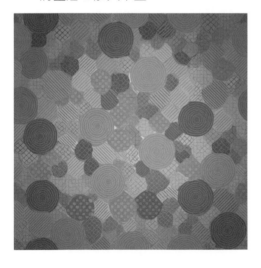

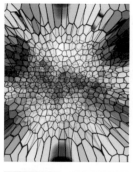

C H A P T E R 0 9

文字使用技巧

HEALTHY VEGETARIAN

每一口素食的背後，是一份對健康的投
，也是對環境的愛護。讓我們一起享受
食的美味，為我們的未來和子孫後代燃
希望之燭。

9-1 文字工具的使用

Photoshop 提供了**水平文字工具、垂直文字工具、垂直文字遮色片工具、水平文字遮色片工具**，可以在影像中加入文字。

📷 建立錨點文字與段落文字

使用 **T. 水平文字工具**可以在影像中加入水平文字，若要建立垂直排列的文字時，則使用 **IT. 垂直文字工具**，這二組工具的使用方法都相同。在 Photoshop 中輸入文字時，可以分為**錨點文字**及**段落文字**兩種型態。

輸入錨點文字

點選**工具面板**上的 **T. 水平文字工具**，並在**選項列**中進行字型、文字大小、對齊方式、文字顏色等設定，再於影像中按一下**滑鼠左鍵**，開始輸入文字，文字輸入完後，按下**選項列**上的 ✓ 按鈕，就完成輸入的動作，而這樣的輸入方式即為**錨點文字**。

輸入錨點文字時，不管輸入多少字都不會自動換行，若要換行則要自行按下 Enter 鍵，所以當輸入太多文字時，會有文字超出版面的問題，此時可以先調整文字大小，或是輸入完後，再使用 **⊕ 移動工具**來移動文字位置。

設定文字顏色　取消輸入

設定文字字型　　　　　設定文字大小　　　設定文字對齊方式　　確認輸入

ch09-01.psd

❶ 點選 T. **水平文字工具**後，於要放置文字的地方按一下**滑鼠左鍵**

❷ 出現插入點後即可開始輸入文字，若要換行按下 Enter 鍵，輸入完後，按下**選項列**的 ✓ 按鈕，在**圖層面板**中便會自動建立一個新圖層來存放文字

輸入段落文字

　　錨點文字適合使用在製作標題時使用，而若要輸入的文字很多時，則建議使用段落文字方式來輸入。要建立段落文字時，只要在影像中拖曳出一個文字框，而在文字框中輸入文字時，文字會依文字框的範圍自動換行。

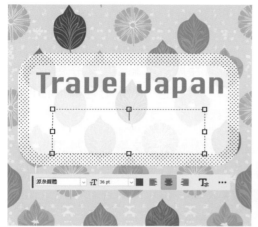

ch09-02.psd

❶ 點選 ⊤.水平文字工具後，於要放置文字的地方按著滑鼠左鍵不放並拖曳，拖曳出一個文字框

❷ 在文字框中輸入文字時，會依文字框寬度自動換行，也可以自行按下 Enter 鍵換行

 輸入文字時，按下 Enter 鍵會自動換行，但若是按下數字鍵區的 Enter 鍵，則是表示輸入完成，作用與選項列上的 ☑ 按鈕相同。

　　使用文字工具建立文字時，會自動建立文字圖層，而圖層的名稱會以文字內容來命名。文字圖層與一般圖層的操作方式一樣，可以移動、刪除、變形、套用混合模式等，但不能使用濾鏡特效、扭曲指令、透視指令、填滿指令等。

錨點文字與段落文字的轉換

　　要將錨點文字轉換為段落文字，或段落文字轉換為錨點文字時，在圖層面板中選取要轉換的文字圖層，再執行「**文字→轉換為段落文字**」指令，可以將錨點文字轉換為段落文字；執行「**文字→轉換為錨點文字**」指令，則可以將段落文字轉換為錨點文字。

📷 文字遮色片工具的使用

　　使用文字遮色片工具可以將輸入的文字製作成選取範圍，文字選取範圍會出現在作用圖層中，可以進行移動、拷貝、填色等，就像處理其他任何選取範圍一樣。這裡就來看看該如何使用文字遮色片工具。

① 開啟 **ch09-03.psd** 檔案，點選**工具面板**上的 🄣 **水平文字遮色片工具**，在影像中按一下**滑鼠左鍵**，進入快速遮色片模式。

———快速遮色片模式

② 接著輸入文字，文字輸入完後，按下**選項列**的 ✓ 按鈕，文字就會被轉換成選取範圍。

文字輸入完成後，按下 Enter 鍵或**選項列**的 ✓ 按鈕

文字被轉換成選取範圍，當文字轉換為選取範圍後，就無法再編輯這些文字了

❸ 此時可以新增一個圖層，再點選**工具面板**上的 ▣ 漸層工具，於選取範圍中填入漸層色彩，並設定圖層的混合模式，即可創造出不同效果的文字。

ch09-04.psd(攝影：史町質感實驗室)

◉ **知識補充：將文字圖層轉換為選取範圍**

要將文字建立為選取範圍時，也可以直接在圖層面板中進行，於**圖層面板**中點選文字圖層，先按著 **Ctrl** 鍵不放，再於文字圖層的縮圖上，按一下**滑鼠左鍵**，即可將文字圖層中的文字轉換為選取範圍，而原文字圖層還會保留。

📷 貼上 Lorem Ipsum 預留位置文字

編排版面時，若手邊沒有適當的文字內容，可以執行「**文字→貼上 Lorem Ipsum**」指令，Photoshop 便會幫我們填入一段預設的文字，填入後按下**選項列**的 ☑ 按鈕，即可完成段落文字的建立。

ch09-05.psd

❶ 點選 ⊤ 水平文字工具後，於要放置文字的地方拖曳**滑鼠左鍵**，拖曳出一個文字框

❷ 執行「**文字→貼上 Lorem Ipsum**」指令，就會填入一段文字

9-2 文字的編輯與設定

學會了如何建立錨點文字及段落文字後,接著學習如何修改、刪除、搬移、調整及變化文字樣式吧!

📷 文字的選取

進行文字編輯時,都會先進行文字的選取動作,才能進行編輯及格式設定等,要選取文字時,可以直接在文字圖層的縮圖上,**雙擊滑鼠左鍵**,即可選取該圖層中的所有文字;也可以點選文字工具後,再使用拖曳方式單獨選取要編輯的文字。文字選取後,即可至**選項列**或**相關工作列**中變更文字大小或顏色。

直接在縮圖上**雙擊滑鼠左鍵**,即可
選取該文字圖層中的所有文字

ch09-06.psd(攝影:史町質感實驗室)

❶ 點選任一文字工具後,再至文字框中按著
滑鼠左鍵不放並拖曳滑鼠選取要編輯的文
字

❷ 文字選取好後,即可至**選項列**或**相關工作**
列中變更文字大小或文字顏色

📷 文字的修改、刪除及搬移

修改或刪除建立好的文字時，只要在文字上**雙擊滑鼠左鍵**，即可進行修改及刪除文字的動作。

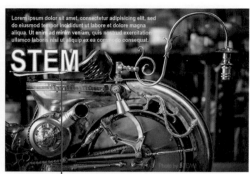

1 在要修改的文字上**雙擊滑鼠左鍵**，便會出現插入點

2 即可修改或刪除文字（使用Delete鍵或Backspace鍵來刪除文字）

要刪除整個文字圖層時，直接將文字圖層拖曳到**圖層面板**中的 🗑 **刪除圖層**按鈕上，即可刪除該文字圖層。要移動文字的位置時，先在**圖層面板**中選取要移動的文字圖層，再使用 ➕ **移動工具**，即可調整文字圖層的位置。

📷 文字框的調整

在段落文字中按一下**滑鼠左鍵**，便會出現文字框，此時將滑鼠游標移至文字框四周的控點，即可縮放、傾斜或旋轉文字框。

縮放文字框

將滑鼠游標移至文字框四周的控點，即可縮放文字框，若配合 Shift 鍵，拖曳控點時，文字框會等比例進行縮放，而不影響文字大小；若在縮放文字框時，配合 Ctrl 鍵，則可以讓文字大小隨文字框一起改變。

拖曳控制點即可調整文字框大小

配合 Ctrl 鍵，文字框內的文字也會跟著被調整

旋轉文字框

要旋轉文字時，將滑鼠游標移至文字框的左上角、左下角、右上角及右下角等四個控點，再按著**滑鼠左鍵**不放並拖曳滑鼠，即可旋轉文字框。

① 將滑鼠游標移至右上角的控點

② 按著**滑鼠左鍵**不放，並拖曳滑鼠即可旋轉文字框

要旋轉的是錨點文字時，可以按著 **Ctrl** 鍵不放，文字便會出現文字框，此時即可拖曳控點縮放、搬移或旋轉文字。

① 將滑鼠游標移至錨點文字內，再按著 **Ctrl** 鍵不放，文字便會出現文字框

② 將滑鼠游標移至右上角的控點，按著**滑鼠左鍵**不放，並拖曳滑鼠即可旋轉文字

傾斜文字框

若要將文字框進行傾斜設定時，按著 **Ctrl** 鍵不放，再拖曳文字框上的框線，即可進行傾斜的調整。

① 按著 **Ctrl** 鍵不放，再將滑鼠游標移至文字框的框線上

② 將滑鼠往左或左右拖曳，即可讓文字框傾斜

變形文字框

　　要將錨點文字或段落文字進行變形調整時，也可以使用「**編輯→任意變形**」指令，或是「**編輯→變形**」指令中的各種變形功能來進行變形的設定。

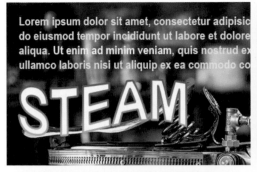
使用彎曲變形中**波形**效果的結果

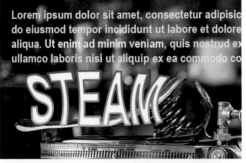
使用彎曲變形中**擠壓**效果的結果

使用變形中**水平翻轉**的結果

使用變形中**垂直翻轉**的結果

使用變形中**順時針旋轉90度**的結果

使用變形中**逆時針旋轉90度**的結果

🔲 建立彎曲文字

　　除了使用變形中的 **彎曲** 指令製作出彎曲文字外，還可以執行「**文字→彎曲文字**」指令，或按下 **選項列** 上的 🔲 **建立彎曲文字** 按鈕，開啟「彎曲文字」對話方塊，即可進行彎曲文字的設定。

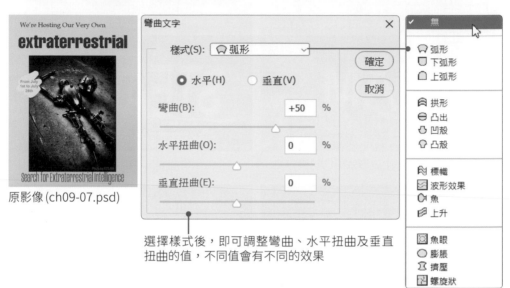

原影像 (ch09-07.psd)

選擇樣式後，即可調整彎曲、水平扭曲及垂直扭曲的值，不同值會有不同的效果

弧形

凸出

魚

若要取消彎曲文字時，只要在「彎曲文字」對話方塊中，按下 **樣式** 選單鈕，選擇「無」，即可取消彎曲文字的設定。

若文字有設定為「仿粗體」樣式時，無法使用「彎曲文字」指令，會要求要移除此屬性後，才能使用。

9-3 文字及段落樣式的設定

使用文字工具時，可以至**選項列**中設定文字的基本格式，若要進行進階設定時，可以在**字元面板**及**段落面板**中設定文字的格式。

字元面板

要使用**字元面板**進行字元設定時，執行「**視窗→字元**」指令，或是按下**選項列**上的 ▣ 按鈕，即可開啟**字元面板**，在此可以進行字體大小、行距、上標、下標、斜體等樣式設定。

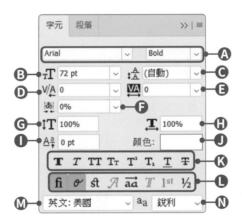

Ⓐ 設定字型及字體樣式。
Ⓑ 設定字體大小。
Ⓒ 設定行距，預設為**自動**。
Ⓓ 設定兩個字元之間的字距微調，數值越大字距越大。
Ⓔ 設定選取字元的字距調整，數值越大字距越大。
Ⓕ 設定選取字元的比例間距，百分比值越大，文字與文字之間就越緊密。
Ⓖ 設定文字垂直縮放的比例，100% 表示原字型的高度。
Ⓗ 設定文字水平縮放的比例，100% 表示原字型的寬度。
Ⓘ 設定基線位移，可將文字往上或往下移動，預設值為0時，字元會對齊基線；輸入的數值為正值時，會將文字移至基線上方；數值為負值時，會將文字移到基線下方。

Ⓙ 設定文字顏色。
Ⓚ 設定文字樣式。

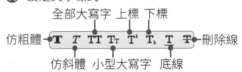

Ⓛ OpenType字型專用功能，使用OpenType字型時，可以設定相關的字體效果。OpenType是Adobe及微軟共同開發的，在字型前看到 𝑶 圖示，表示為OpenType字型；𝐓𝐫 圖示則為TrueType字型。
Ⓜ 設定選取之連字符號和拼字字元所要使用的語言。
Ⓝ 設定消除鋸齒的方法，有**無**、**銳利**、**尖銳**、**強烈**及**平滑**等選項可以選擇。

📷 段落面板

要使用**段落面板**進行段落設定時，執行「**視窗→段落**」指令，或是按下**選項列**上的 ▣ 按鈕，即可開啟**段落面板**，在此可以進行段落的對齊方式、縮排、間距、避頭尾等設定。

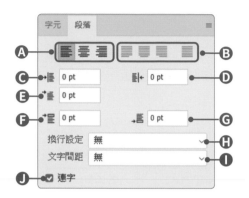

Ⓐ 設定文字對齊方式，適用於**單行文字**：▣左側對齊文字、▣文字居中、▣右側對齊文字。

Ⓑ 設定文字齊行方式，適用於**段落文字**：▣齊行末行左側、▣齊行末行居中、▣齊行末行右側、▣全部齊行。

Ⓒ 設定段落的左側縮排。

Ⓓ 設定段落的右側縮排。

Ⓔ 設定首行縮排，將段落文字中的第一行縮排。

Ⓕ 設定段落間距，每個段落與前面段落的間距。

Ⓖ 設定段落間距，每個段落與後面段落的間距。

Ⓗ 可選擇文字換行方式，避免標點符號在行首。

Ⓘ 可選擇不同的間距組合調整文字間距。

Ⓙ 是否使用連字符號，常用在英文字換行時。

ch09-08.psd(攝影：史町質感實驗室)

未經過段落樣式設定

經過段落樣式設定後，段落文字變得較為整齊且容易閱讀

📷 字元樣式面板

　　若要將設定好的字元屬性套用到其他文字上時，可以將調整好的字元屬性儲存到**字元樣式面板**中，供日後使用。

1 開啟 ch09-09.psd 檔案，選取已設定好字元屬性的文字。

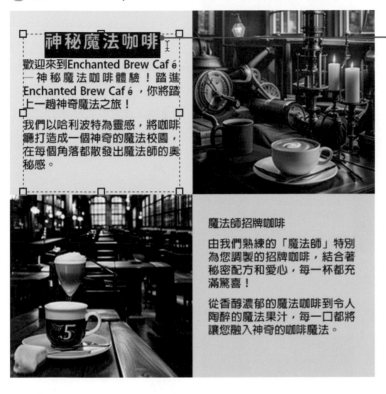

選取要建立為字元樣式的文字或整個文字圖層

2 執行「**視窗→字元樣式**」指令，開啟**字元樣式**面板，按下面板上的 ⊞ **建立新字元樣式**按鈕，新增一組字元樣式。

選取的文字被建立為
字元樣式1

③ 字元樣式設定好後，選取另一個文字圖層中的文字，點選**字元樣式面板**中的**字元樣式1**，再按下面板上的 ↻ **清除置換**按鈕。

① 選取要套用字元樣式的文字

② 選取要套用字元樣式的文字

段落樣式	字元樣式	>> ≡
無		
字元樣式 1+		

↻ ✓ ⊞ 🗑

③ 按下 ↻ **清除置換**按鈕

④ 原本的文字屬性被清除後，就會套用**字元樣式1**的文字屬性。

在套用字元樣式時，若直接點選**圖層面板**中的文字圖層時，那麼會將樣式套用至該文字圖層中的所有文字。

文字套用了字元樣式所設定的屬性

ch09-10.psd

在**字元樣式面板**中，雙擊**字元樣式1**，會開啟「字元樣式選項」對話方塊，在此即可查看該字元樣式設定了哪些屬性，而這些屬性與**字元面板**中的設定都是相同的，可以直接在「字元樣式選項」對話方塊中進行修改。

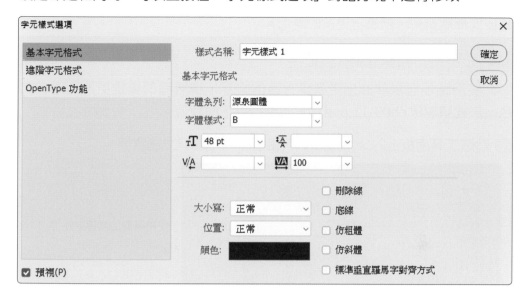

段落樣式面板

設定段落的樣式時，執行「**視窗→段落樣式**」指令，開啟**段落樣式面板**，即可進行段落樣式的建立，而操作方式與字元樣式是一樣的，不過，段落樣式可以同時保存字元屬性及段落屬性。

9-4 建立路徑文字

要設計出多變有趣的文字時,可以搭配路徑或形狀來使用,讓文字沿著路徑或形狀排列,創造出更多的變化。

📷 使用路徑建立路徑文字

使用路徑可以建立出更多變有趣的文字,讓版面的編排更為活潑有特色。這裡請開啟 ch09-11.psd 檔案,進行以下的練習。

1 點選**工具面板**上的 ✏️**筆型工具**,沿著臺灣地圖建立出路徑。

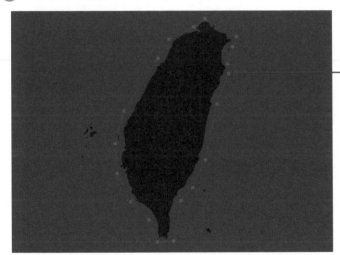

————使用**筆型工具**建立路徑

2 點選**工具面板**上的 T **水平文字工具**,在**選項列**中設定字型、文字大小、顏色等,設定好後,將滑鼠游標移至路徑上,再按下**滑鼠左鍵**,即可輸入文字。

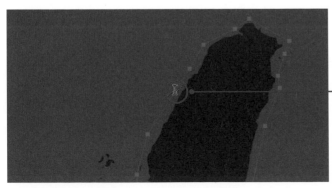

將滑鼠游標移至路徑上時,游標會呈此狀態,按一下**滑鼠左鍵**,插入點就會出現,便可開始輸入文字

3 輸入文字，並將文字填滿路徑。

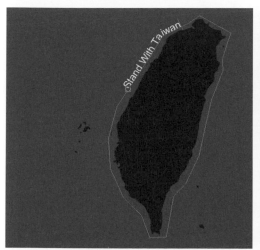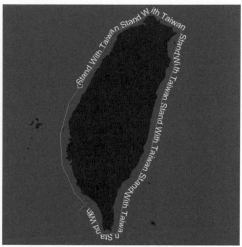

一條路徑只能包含一行文字，因此任何超出路徑的文字都會被隱藏起來

4 文字輸入完後，按下**選項列**的 ☑ 按鈕，即可完成路徑文字的製作。

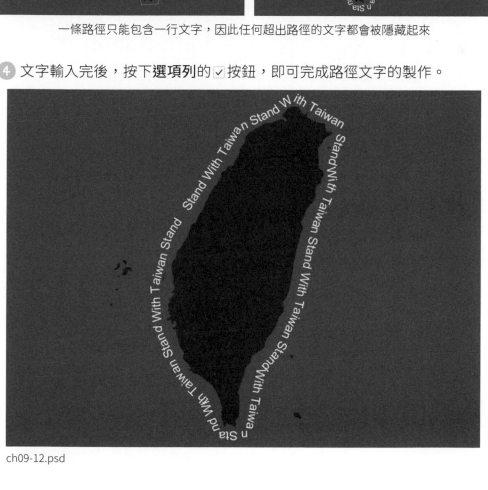

ch09-12.psd

📷 使用形狀建立路徑文字

除了自行繪製路徑來建立路徑文字外,也可以使用形狀來建立路徑文字。於影像中繪製出要使用的形狀路徑後,再切換到文字工具,即可於路徑上輸入文字。

ch09-13.psd

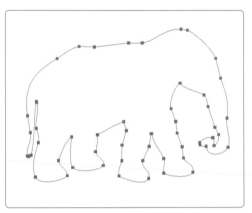

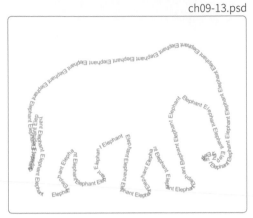

使用 🔲 **自訂形狀工具**繪製形狀路徑　　　　使用 **T. 文字工具**在路徑中加入文字

在路徑上按下**滑鼠左鍵**時,便可在路徑上建立文字,而在路徑中按一下**滑鼠左鍵**,輸入文字時,則文字會填滿路徑內部,建立在路徑內的文字就像段落文字一樣,可以設定進行各種段落的設定。

ch09-14.psd

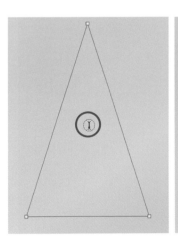

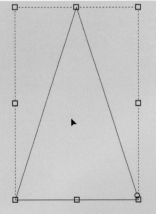

使用 **T. 文字工具**在路徑中按下**滑鼠左鍵**,路徑會轉為文字框,接著即可在文字框中輸入文字

修改路徑形狀

　　當路徑文字建立好後，若想要修改路徑形狀時，只要選取該路徑文字圖層，再執行「**編輯→任意變形路徑**」指令 (Ctrl+T)，即可修改路徑的形狀，修改時，路徑上的文字會自動跟著調整。

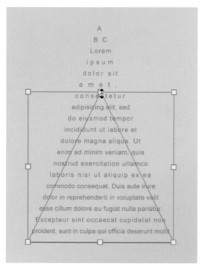

將路徑進行傾斜的設定　　　　　　　　　路徑內的文字會跟著調整

 要修改路徑時，也可以執行「編輯→變形路徑」指令，再於選單中選擇要變形的指令，即可進行變形的設定。

翻轉路徑文字

　　若將滑鼠游標移至路徑文字上，再按著**滑鼠左鍵**不放，將路徑文字往路徑內拖曳，即可翻轉路徑文字。

❶ 點選 ⬚ **直接選取工具**或 ⬚ **路徑選取工具**，將滑鼠游標移至路徑文字上

❷ 將路徑文字往內拖曳，即可翻轉路徑文字 (ch09-15.psd)

調整文字在路徑上的位置

　　當路徑文字建立好後，若要調整路徑文字的開始或結束位置時，可以使用 ▶ **路徑選取工具**來調整路徑文字位置。將滑鼠游標移至路徑文字的開始或結束位置上，即可調整路徑文字位置。

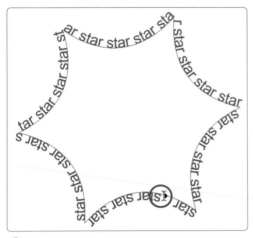

❶ 將滑鼠游標置於開始位置上

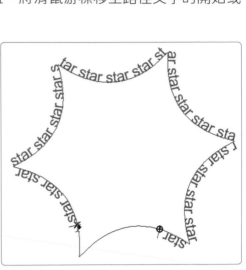

❷ 拖曳滑鼠，即可調整路徑文字的開始位置

❸ 將滑鼠游標置於結束位置上

❹ 拖曳滑鼠，即可調整路徑文字的結束位置

將文字圖層轉換為一般圖層、工作路徑或形狀圖層

　　若文字圖層不需要再編輯，或想要套用濾鏡特效時，可以依需求將文字圖層轉換為一般圖層、工作路徑或是形狀圖層，轉換方法說明如下。

轉換為一般圖層

要將文字圖層轉換為一般圖層時，可以使用以下幾種方法，而將文字圖層轉換為一般圖層，轉換完成後，便無法再修改文字內容。

▢ 執行「**圖層→點陣化→文字**」指令。

▢ 執行「**文字→點陣化文字圖層**」指令。

▢ 在圖層面板中的文字圖層上，按下**滑鼠右鍵**，執行「**點陣化文字**」指令。

轉換為工作路徑

要將文字圖層轉換為工作路徑時，執行「**文字→建立工作路徑**」指令，即可將文字圖層建立工作路徑。

轉換為形狀圖層

要將文字圖層轉換為形狀圖層時，執行「**文字→轉換為形狀**」指令，即可將文字圖層轉換為形狀圖層。

◎ 知識補充：遺失字體

開啟他人所提供的影像檔案時，可能會出現「遺失字體」的訊息，此訊息表示電腦並未安裝該檔案所使用的字型，此時可以按下「**取消**」按鈕，將訊息關閉即可，因為 Photoshop 會保留該字體的外觀，但若要編輯文字內容或是格式時，那麼就需要先更換替代字體，才能進行修改的動作。

文字圖層會顯示遺失字體圖示

按下「**取代**」按鈕，會以預設的字體取代遺失的字體

9-5 綜合應用－透明塑膠及雲彩紙文字

學會了文字使用技巧後,接下來在綜合應用中,就來學習如何製作出各種特效文字吧!

📷 透明塑膠文字效果

在此範例中將學習如何利用圖層樣式中的斜角和浮雕、內陰影、內光暈、緞面、顏色覆蓋、陰影等樣式,來製作出具有透明塑膠感的文字。

Before

After

ch09-16.psd

ch09-17.psd

① 在 WOW 文字圖層上**雙擊滑鼠左鍵**,開啟「圖層樣式」對話方塊,勾選**斜角和浮雕**項目,設定文字的斜角及浮雕效果,設定值請參考下圖。

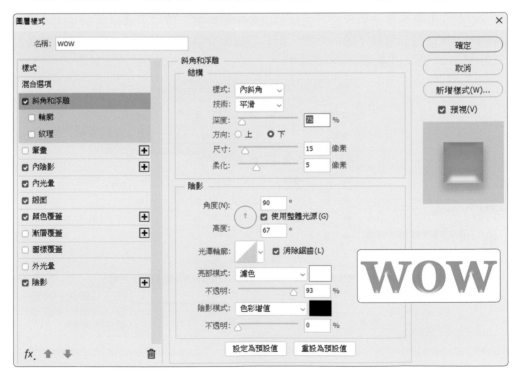

② 勾選**內陰影**項目，設定文字內陰影效果，設定值請參考下圖。

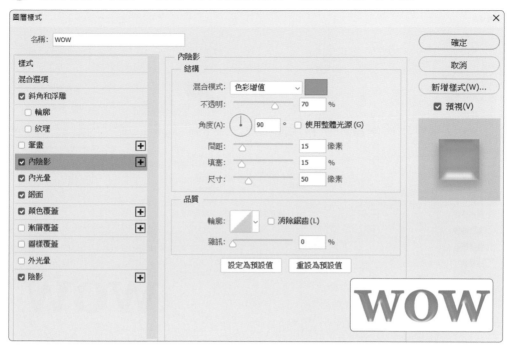

③ 勾選**內光暈**項目，設定文字的內光暈效果，設定值請參考下圖。

④ 勾選**緞面**項目，設定文字緞面效果，設定值請參考下圖。

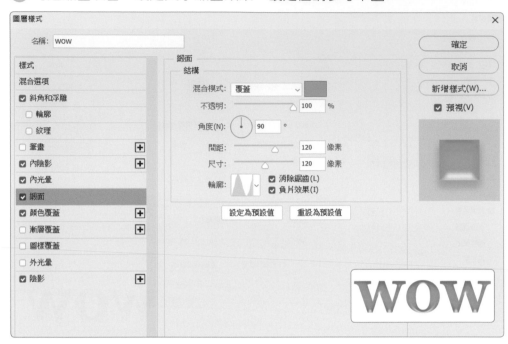

⑤ 勾選**顏色覆蓋**項目，設定顏色覆蓋的色彩，設定值請參考下圖。

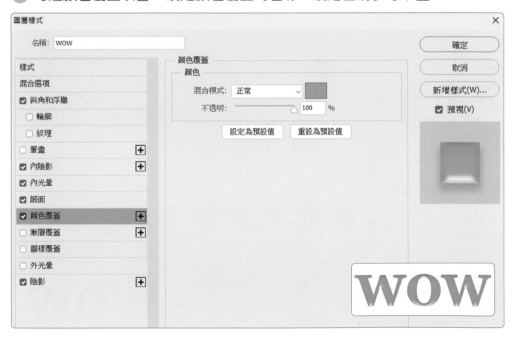

⑥ 勾選**陰影**項目,設定文字陰影效果,設定值請參考下圖。

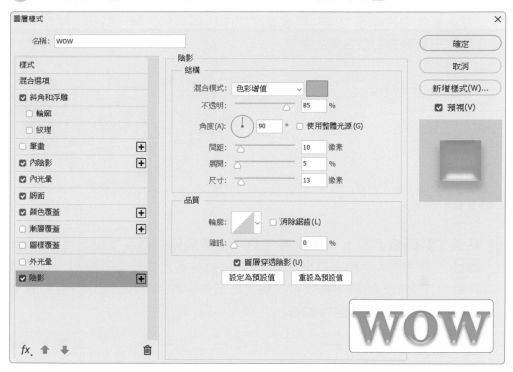

以上就是製作透明塑膠文字的步驟,製作完成後,可以試著改變文字的色彩,看看會有什麼不同。

📷 雲彩紙文字效果

在此範例中將學習如何利用圖層樣式中的斜角和浮雕、緞面、陰影等樣式來製作出具有雲彩紙效果的文字。

ch09-18.psd

ch09-19.psd

1 點選**工具面板**上的 🅣 **水平文字工具**，在**選項列**中將字型設定為 Anchor Jack，將字型大小設定為 66 pt，將消除鋸齒的方式設定為**銳利**，將文字色彩設定為 #05A0F1，都設定好後，於文件中輸入「H」文字，並將 H 文字圖層的不透明度設定為 80%。

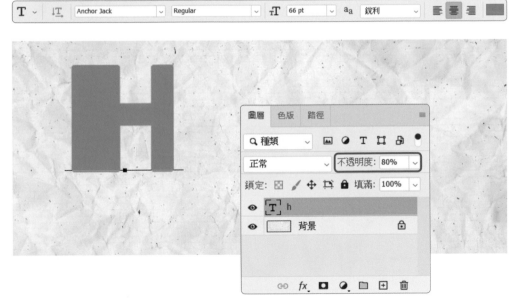

 Anchor Jack 字型可以至 http://www.dafont.com/anchor-jack.font 網站中下載。

② 在 H 文字圖層上**雙擊滑鼠左鍵**，開啟「圖層樣式」對話方塊，勾選**斜角和浮雕**項目，設定文字的斜角及浮雕效果，設定值請參考下圖。

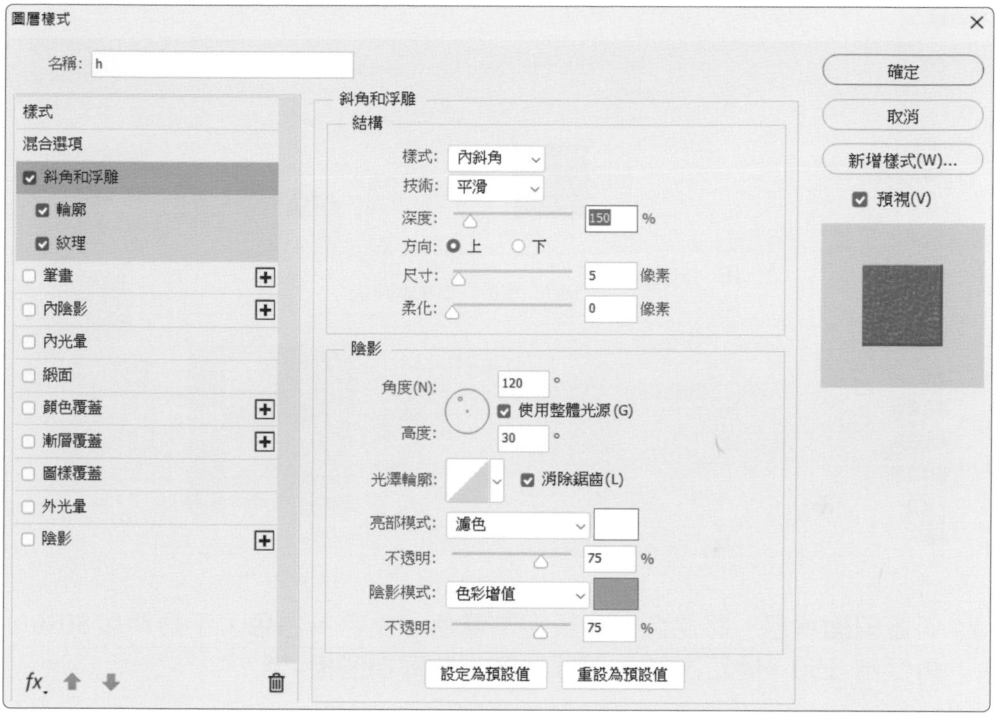

```
圖層樣式                                                                ✕

  名稱: h                                                          確定

樣式                       斜角和浮雕                                  取消
                          結構
混合選項                                                            新增樣式(W)...
                             樣式:  內斜角  ⌄
☑ 斜角和浮雕                  技術:  平滑   ⌄                        ☑ 預視(V)
  ☑ 輪廓                     深度:  △————————  150  %
  ☑ 紋理                     方向:  ● 上    ○ 下
☐ 筆畫            ＋          尺寸:  △————————   5   像素
☐ 內陰影          ＋          柔化:  △————————   0   像素
☐ 內光暈
☐ 緞面                    陰影
☐ 顏色覆蓋        ＋          角度(N):    120   °
☐ 漸層覆蓋        ＋                        ☑ 使用整體光源 (G)
☐ 圖樣覆蓋                    高度:       30    °
☐ 外光暈
☐ 陰影            ＋          光澤輪廓: ◢    ☑ 消除鋸齒(L)

                            亮部模式:  濾色        ⌄ □
                            不透明:   △————————  75  %
                            陰影模式:  色彩增值     ⌄ ■
fx. ⬆ ⬇              🗑      不透明:   △————————  75  %

                        設定為預設值    重設為預設值
```

③ 勾選**斜角和浮雕**項目中的**輪廓**，將輪廓設定為**凹槽-淺**，範圍設定為 50%。

```
圖層樣式                                                                ✕

  名稱: h                                                          確定

樣式                       輪廓                                       取消
                          成份
混合選項                                                            新增樣式(W)...
☑ 斜角和浮雕                  輪廓: ◢ ⌄  ☑ 消除鋸齒(L)               ☑ 預視(V)
  ☑ 輪廓                     範圍: △————————  50  %
  ☑ 紋理
☐ 筆畫            ＋
☐ 內陰影          ＋
☐ 內光暈
☐ 緞面
☐ 顏色覆蓋        ＋
☐ 漸層覆蓋        ＋
☐ 圖樣覆蓋
```

④ 勾選**斜角和浮雕**項目中的**紋理**,將圖樣設定為**填滿紋理**中的**丁尼布**,縮放設為 100,深度設為 +100。

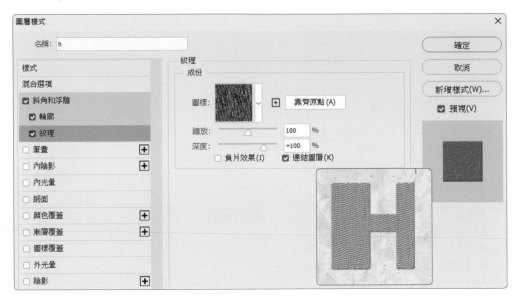

⑤ 勾選**緞面**項目,將混合模式設定為**濾色**,顏色為**白色**,不透明度 80%,角度為 -150,間距為 38,尺寸為 30,輪廓為**凹槽 - 淺**。

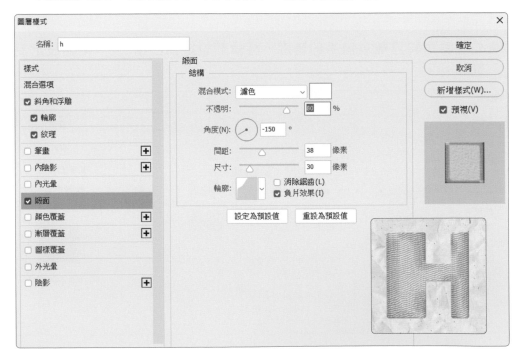

6 勾選**陰影**項目,將混合模式設定為**色彩增值**,顏色為 #dddddd,不透明
度80%,間距為3,尺寸為2。

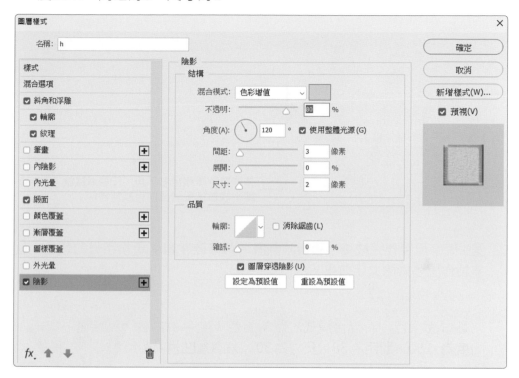

7 斜角和浮雕、緞面及陰影都設定好後,按下「**確定**」按鈕,完成文字圖層
樣式的設定,到這裡雲彩效果的文字就製作完成囉!

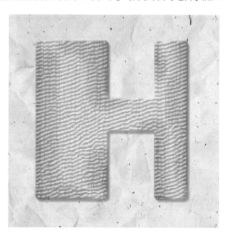

8 文字樣式都設定好後，按下 **Ctrl+T** 快速鍵，旋轉文字，讓文字變得更為活潑。

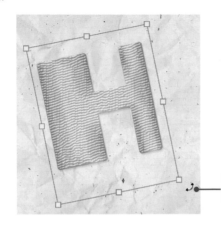

將滑鼠游標移至右下角，按著**滑鼠左鍵**不放並拖曳滑鼠即可旋轉物件

9 第1個字母製作完成後，複製該圖層，再修改字母、更換字母的顏色，就能製作出多彩的文字效果。

自 我 評 量

選擇題

( ) 1. 下列關於文字圖層的敘述，何者<u>不正確</u>？ (A) 使用文字工具建立文字時，會自動建立文字圖層　(B) 文字圖層的名稱會以文字內容來命名　(C) 文字圖層與一般圖層的操作方式一樣，可以移動、刪除、變形、套用混合模式及濾鏡特效　(D) 無法使用扭曲、透視及填滿等功能。

( ) 2. 使用下列哪一個工具，可以將文字製作成選取範圍？ (A) 水平文字遮色片工具　(B) 水平文字工具　(C) 選取工具　(D) 筆型工具。

( ) 3. 執行下列哪個指令，Photoshop 會填入一段預設的文字？ (A) 編輯→貼上 Lorem Ipsum　(B) 文字→貼上 Lorem Ipsum　(C) 圖層→貼上 Lorem Ipsum　(D) 選取→貼上 Lorem Ipsum。

( ) 4. 若要將文字框以等比例方式縮放時，可以配合下列哪個按鍵？ (A) Ctrl　(B) Shift　(C) Alt　(D) Tab。

( ) 5. 要將文字框進行傾斜設定時，可以配合下列哪個按鍵？ (A) Ctrl　(B) Shift　(C) Alt　(D) Tab。

( ) 6. 下列關於路徑文字的敘述，何者<u>不正確</u>？ (A) 可以使用筆型工具來建立路徑文字　(B) 可以使用形狀來建立路徑文字　(C) 可以調整路徑文字的開始或結束位置　(D) 無法使用變形功能來調整路徑的外形。

( ) 7. 當路徑文字建立好後，若想要修改路徑形狀時，只要選取該路徑文字圖層，再執行下列哪個指令？ (A) 編輯→任意變形路徑　(B) 文字→任意變形路徑　(C) 圖層→任意變形路徑　(D) 選取→任意變形路徑。

( ) 8. 若要將文字圖層轉換為一般圖層時，須執行下列哪個指令？ (A) 編輯→點陣化→文字　(B) 文字→點陣化→文字　(C) 圖層→點陣化→文字　(D) 選取→點陣化→文字。

( ) 9. 若要將文字圖層轉換為工作路徑時，須執行下列哪個指令？ (A) 編輯→建立工作路徑　(B) 文字→建立工作路徑　(C) 圖層→建立工作路徑　(D) 選取→建立工作路徑。

( ) 10. 若要將文字圖層轉換為形狀圖層時，須執行下列哪個指令？ (A) 編輯→轉換為形狀　(B) 文字→轉換為形狀　(C) 圖層→轉換為形狀　(D) 選取→轉換為形狀。

◎ 實作題

1. 開啟「CH09 → ch09-a.psd」檔案,進行以下的設定。

- 建立「TAIWAN」文字圖層,將文字色彩設為白色,再使用圖層樣式中的斜角和浮雕、緞面、陰影等樣式,製作出金屬效果。

- 製作文字鏡射效果。

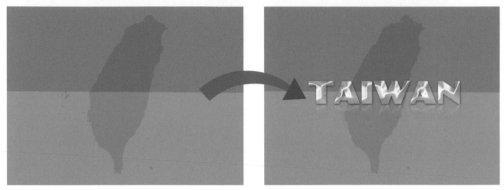

提示:進行緞面設定時,可以將混合模式設定為濾色,顏色設為白色,輪廓設為高斯,即可製作出金屬效果。

2. 開啟「CH09 → ch09-b.psd」檔案,發揮你的創意,幫海報加上文字。

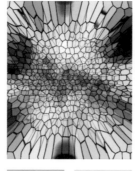

CHAPTER10

濾鏡特效

HEALTHY VEGETARIAN

每一口素食的背後，是一份對健康的投
，也是對環境的愛護。讓我們一起享受
食的美味，爲我們的未來和子孫後代燃
希望之燭。

10-1 濾鏡基本概念

　　Photoshop提供了許多濾鏡，可以處理或潤飾照片、套用特殊藝術效果，或是使用扭曲與風格化效果來建立獨特的外觀，讓影像呈現不同的風格。

　　要看Photoshop提供了哪些濾鏡時，只要執行「濾鏡」指令，即可看到各種濾鏡選項。若第一次使用**濾鏡**指令時，在濾鏡選單中最上方會顯示**上次濾鏡效果**，當執行了某個濾鏡指令後，選單最上方就會顯示為該濾鏡指令。

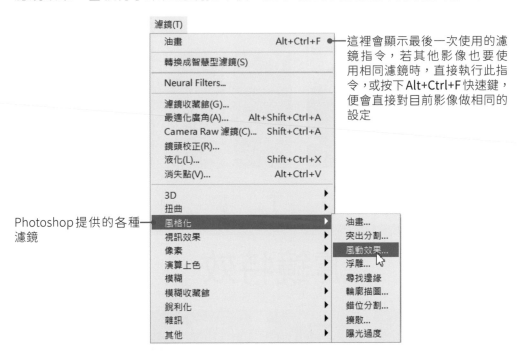

這裡會顯示最後一次使用的濾鏡指令，若其他影像也要使用相同濾鏡時，直接執行此指令，或按下**Alt+Ctrl+F**快速鍵，便會直接對目前影像做相同的設定

Photoshop提供的各種濾鏡

ch10-01.jpg(攝影：Tac)

ch10-02.jpg

套用「油畫」濾鏡效果後，即可製作出不同風格的照片

10-2 智慧型濾鏡

將影像套用濾鏡後，若對設定值不滿意，可以按下 **Ctrl+Z** 快速鍵，復原剛剛執行的動作，然後再重新設定及套用，而這樣的作法事實上並不方便，所以 Photoshop 提供了**智慧型濾鏡**，可以不破壞原影像，又可以隨時修改、檢視濾鏡的設定值，或是直接刪除濾鏡，這樣的方式是不是方便了許多。

這裡請開啟 **ch10-03.jpg** 檔案，學習如何使用智慧型濾鏡。

1 開啟檔案後，執行「**濾鏡→轉換成智慧型濾鏡**」指令，會出現一個訊息，這裡請直接按下「**確定**」按鈕。

2 此時作用中的圖層就會被轉換為**智慧型物件**，而原來的**背景圖層**也會被轉換為**圖層 0**。

若不想要再顯示此訊息，可以將**不再顯示**選項勾選，這樣下次再進行相同動作時，就不會再開啟此訊息了

3 執行「**濾鏡→銳利化→銳利化**」指令，影像就會套用銳利化濾鏡，而在**圖層面板**中就會自動新增一個**智慧型濾鏡圖層**。

若要暫時關閉濾鏡效果時，只要按下眼睛圖示即可

若要修改濾鏡設定值時，直接雙擊濾鏡圖層名稱，若該濾鏡有對話方塊時，會開啟該對話方塊，讓我們修改設定值

ch10-03.psd

10-3

10-3 濾鏡收藏館

Photoshop將扭曲、風格化、紋理、素描、筆觸及藝術等類型的濾鏡全部整合到濾鏡收藏館中,方便我們使用這些濾鏡效果,使用時還可以一次套用多種濾鏡。

認識濾鏡收藏館

執行「濾鏡→濾鏡收藏館」指令,開啟對話方塊後,影像會先套用上一次使用的濾鏡。

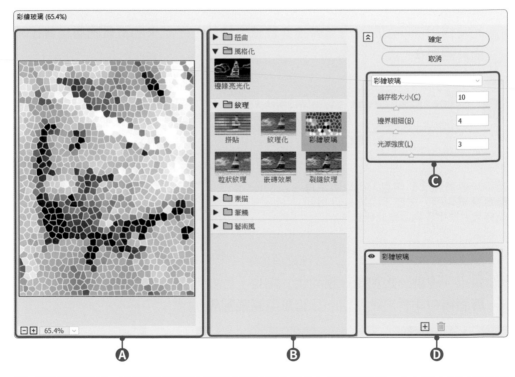

Ⓐ **影像預覽區域**:這裡可以預覽在濾鏡收藏館所套用的各種濾鏡效果,在左下方可以縮放影像大小,或按下 **Ctrl++** 快速鍵,放大影像;按下 **Ctrl+-** 快速鍵,縮小影像。

Ⓑ **濾鏡類型**:提供了扭曲、風格化、紋理、素描、筆觸、藝術風等類型濾鏡,在各類型中有許多預設的濾鏡,直接點選影像便會套用該濾鏡效果。

Ⓒ **設定區**:點選要套用的濾鏡後,在此即可進行該濾鏡的相關設定,每一種濾鏡的設定項目都不太一樣。

Ⓓ **效果圖層**:套用多個濾鏡時,可以在此進行新增、複製、刪除、顯示、隱藏及調整順序等。

使用濾鏡收藏館套用多種濾鏡效果

　　這裡請開啟 ch10-04.psd 檔案，來實際練習如何利用濾鏡收藏館套用多種濾鏡效果。

1 開啟濾鏡收藏館，展開**藝術風**類型選單，於選單中點選**乾性筆刷**效果，再於設定區進行相關的設定。

2 濾鏡效果設定好後，按下 ⊞ **新增效果圖層**按鈕，在效果圖層區中就會新增一個目前使用的效果。

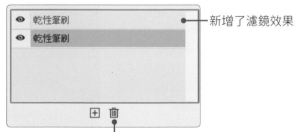

新增了濾鏡效果

要刪除濾鏡效果時，點選濾鏡圖層後，按下此鈕即可刪除

 要暫時取消圖層效果中的某一個濾鏡效果時，只要按下該效果前的 👁 眼睛圖示，即可將該效果暫時取消。

③ 展開**紋理**類型選單，於選單中點選**紋理化**效果，再於設定區進行相關的設定。

④ 濾鏡效果設定好後，按下⊞**新增效果圖層**按鈕，將紋理化效果新增至效果圖層中。效果都套用完成後，按下「**確定**」按鈕，回到文件視窗中。

> 在濾鏡收藏館中使用濾鏡效果時，會因效果圖層順序不同而產生不同的效果，所以在設定好所有的濾鏡效果時，可以在**效果圖層**區中調整圖層堆疊的順序，來看看會有什麼樣的變化

⑤ 要修改濾鏡時，只要在**圖層面板**中，點選**濾鏡收藏館**圖層名稱，即可開啟濾鏡收藏館對話方塊。

雙擊濾鏡圖層名稱，即可開啟對話方塊，進行修改的動作

原影像

套用乾性筆刷及紋理化效果的結果 (ch10-05.psd)

10-4 液化濾鏡

　　使用**液化**濾鏡可以推、拉、旋轉、反射、縮攏及膨脹影像的任何區域，非常適合用來修飾身材，像是瘦手臂、修掉蘿蔔腿、瘦小腹等。

📷 認識液化濾鏡

　　使用**液化**濾鏡變形影像時，執行「**濾鏡→液化**」指令(Shift+Ctrl+X)，開啟「液化」對話方塊，在對話方塊左邊提供了各種不同的液化工具，點選任一工具後，就可以在影像預覽區中進行液化的動作。

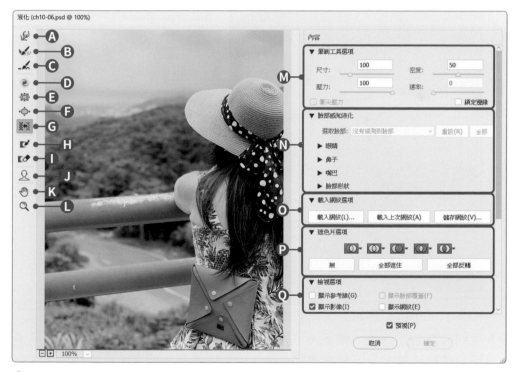

Ⓐ **向前彎曲工具**：拖移時會將像素向前推。
Ⓑ **重建工具**：反轉已增加的扭曲效果。
Ⓒ **平滑工具**：讓筆刷看來更加滑順。
Ⓓ **順時針扭轉工具**：產生順時針漩渦狀或同心圓狀的效果。
Ⓔ **縮攏工具**：產生凹透鏡的變形效果。
Ⓕ **膨脹工具**：產生凸透鏡的變形效果。
Ⓖ **左推工具**：往左、往右、放大及縮小影像。
Ⓗ **凍結遮色片工具**：希望影像某區域不受到液化工具的影響時，可以先使用此工具在影像上產生凍結區域。

Ⓘ **解凍遮色片工具**：移除凍結區域。
Ⓙ **臉部工具**：會自動辨識相片中的臉孔。
Ⓚ **手形工具**：調整預覽區影像位置。
Ⓛ **縮放顯示工具**：拖曳出範圍框，即可放大顯示；配合Alt鍵，則可以縮小顯示。
Ⓜ **筆刷工具選項**：設定筆刷的特性。
Ⓝ **臉部感知選項**：調整臉部特徵。
Ⓞ **載入網紋選項**：可將所進行的編輯動作儲存，以便查看及追蹤。
Ⓟ **遮色片選項**：選擇要使用的遮色片模式。
Ⓠ **檢視選項**：設定相關的檢視項目。

使用液化濾鏡修飾贅肉

　　大致了解了液化濾鏡中各種工具的用途後，接著以 ch10-06.psd 檔案為例，看看該如何修飾影像中的贅肉。

1 開啟「液化」對話方塊，這裡要修飾背部的贅肉，在修飾之前，要先將背景保護起來，所以請先按下 ☑ **凍結遮色片工具**，將筆刷大小設定為 10，設定好後於贅肉的左邊來回塗抹，產生凍結的區域。

2 凍結區域設定好後，按下 ☑ **向前彎曲工具**，將筆刷大小設定為 15，將滑鼠游標移至贅肉上，按著**滑鼠左鍵**並往內側推動，即可將贅肉縮小，在修飾時，可以隨時調整筆刷大小修飾細節，讓弧度更平順一些。

③ 修飾完成後，按下**遮色片選項**中的「**無**」按鈕，將遮色片移除，看看使用
  向前彎曲工具後，周圍的影像是否有變形，若有導致變形時，可以按
  下 重建工具，將變形的部位調整回來。

使用 向前彎曲工具調整時所造成的變形　　使用 重建工具在變形區域塗抹，以恢復原貌

 調整預覽區的影像大小時，可以按下Ctrl++快速鍵，放大影像；Ctrl+-快速鍵，縮
小影像。

④ 都設定好後按下「**確定**」按鈕，影像中的贅肉明顯變小了。

ch10-07.psd

 若發覺調整得不好時，可以按下「筆刷重建選項」中的「全部復原」按鈕，即可移
除所有的液化設定，即使是凍結區域中的設定也都會被移除。

使用臉部工具調整臉型

👤臉部工具提供了臉部感知功能，啟動時，會自動辨識臉部、眼睛、鼻子、嘴巴及其他特徵，並可輕鬆的進行相關調整，在潤飾人像照片時，非常的好用。接著以 ch10-08.psd 檔案為例，看看該如何使用臉部工具。

1 開啟「液化」對話方塊，按下👤**臉部工具**，此時會自動辨識出影像中的人物臉部。

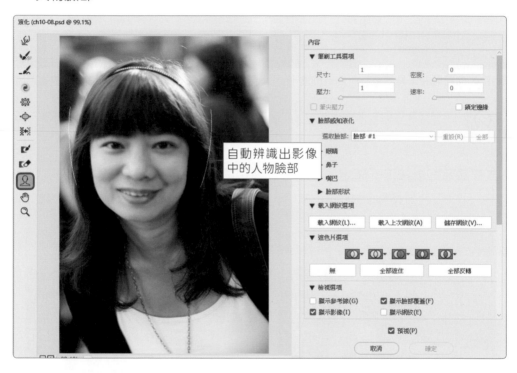

自動辨識出影像中的人物臉部

2 將滑鼠游標移入要修改的人物臉部，就會出現可編輯的邊框，再將滑鼠游標移至邊框，即可調整臉部大小。

將滑鼠游標移至邊框，即可調整臉部大小

③ 要調整其他臉部的器官時，只要將滑鼠游標移到相關位置，即可進行各項的調整。

④ 除了可以直接在影像上調整外，也可以在**臉部感知液化**介面中，進行眼睛、鼻子、嘴巴等調整。

ch10-09.psd

10-5 消失點濾鏡

消失點濾鏡可以在影像中定義透視平面(例如:建築物、牆面、樓梯或任何矩形物件的側邊),要將影像或圖樣置入平面時,便會以透視平面作為參考,並依照距離感及角度來變形影像,以達到整體透視比例一致。此濾鏡適合應用於包裝盒設計或房屋外牆設計等。

認識消失點濾鏡

使用消失點濾鏡時,執行「濾鏡→消失點」指令 (Alt+Ctrl+V),開啟「消失點」對話方塊,在對話方塊左邊提供了各種不同的工具,可以進行透視平面的設定。

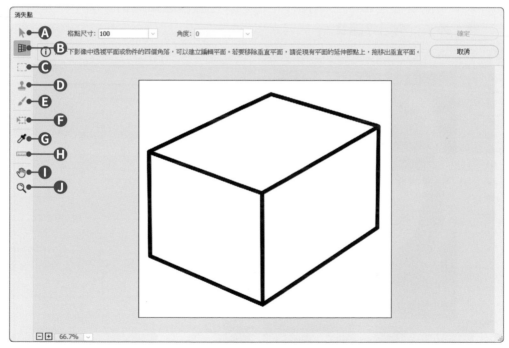

A 編輯平面工具:選取、編輯、移動並重新調整平面尺寸。

B 建立平面工具:定義平面的四個角落節點、調整平面的尺寸及形狀,以及拖移出新的平面。

C 選取畫面工具:建立正方形或矩形的選取範圍,或是移動及仿製選取範圍。

D 印章工具:使用影像的取樣進行繪圖。

E 筆刷工具:在平面中繪製選取的顏色。

F 變形工具:移動邊界方框控點的方式縮放、旋轉及移動浮動選取範圍。

G 滴管工具:預視影像時選取繪畫顏色。

H 度量工具:度量平面中項目的距離與角度。

I 手形工具:調整預覽區影像位置。

J 縮放顯示工具:拖曳出範圍框,即可放大顯示;配合Alt鍵,則可以縮小顯示。

使用消失點濾鏡合成影像

大致了解消失點的功能後,接著就來看看該如何將平面的影像合成到立體的包裝盒圖形中。這裡先準備了一張影像圖檔(ch10-10.jpg),以及一個立體包裝盒圖形(ch10-10.psd)檔案,來學習消失點濾鏡的使用。

1️⃣ 開啟 ch10-10.jpg 檔案,按下 Ctrl+A 快速鍵,選取整個影像,再按下 Ctrl+C 快速鍵,複製該影像。

2️⃣ 執行「濾鏡→消失點」指令 (Alt+Ctrl+V),開啟「消失點」對話方塊,按下 ⊞ 建立平面工具,在影像中依序點選滑鼠左鍵,建立影像透視平面位置。

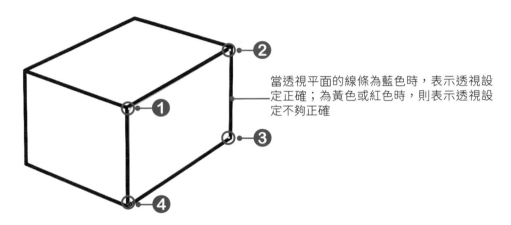

當透視平面的線條為藍色時,表示透視設定正確;為黃色或紅色時,則表示透視設定不夠正確

3️⃣ 建立好第1個透視平面後,再按下 ⊞ 建立平面工具,將滑鼠游標移至中間的控點上,按著滑鼠左鍵不放並拖曳滑鼠,建立出第2個透視平面。

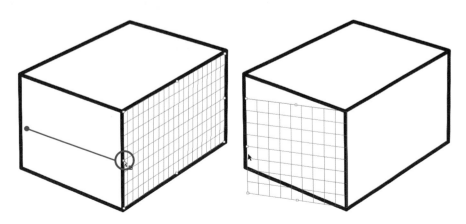

4 透視平面都建立好後，此時便可對透視平面進行選取、編輯、位置調整、移動、縮放等動作。

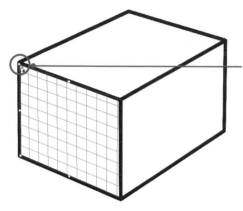

拖曳控點，即可調整控點的位置，讓透視平面更符合盒子的外觀

5 調整好透視平面後，按下 Ctrl+V 快速鍵，將複製好的影像貼入到「消失點」對話方塊中。

6 將滑鼠游標移至影像上，將影像拖曳到剛剛建立的透視平面區域中，此時影像就會自動調整成符合透視平面區域的狀態。

按下 Ctrl+V 快速鍵，貼上複製好的影像

將影像拖曳到透視平面區域中，便會自動調整成符合透視平面區域的狀態

⑦ 若發現影像大小不符合時,可以按下 ⊞ **變形工具**,來調整影像的大小及位置,若看不到影像的控點時,可以先移動影像的位置。

⑧ 點選 ✎ **筆刷工具**,將筆刷直徑設定為20,硬度100,不透明度100,筆刷顏色設定為 #202020。

⑨ 將滑鼠游標移至盒子上,在影像上按一下**滑鼠左鍵**,再按著 Shift 鍵不放,於第二個點再按一下**滑鼠左鍵**,即可繪製出直線條。

⑩ 到這裡就完成了影像合成的動作,最後按下「**確定**」按鈕,回到文件視窗中,影像便以透視方式合成到盒子上。

ch10-11.psd

利用筆刷將原先被蓋住的線條補回去

10-6 扭曲濾鏡

扭曲濾鏡會以幾何方式來扭曲影像,還可以創造出3D或其他外形的效果。Photoshop提供了許多扭曲濾鏡,可以將影像內縮和外擴、扭轉、傾斜、旋轉等。執行「濾鏡→扭曲」指令,即可在選單中查看提供了哪些扭曲濾鏡。

📷 內縮和外擴

內縮和外擴濾鏡會擠壓選取範圍或整張影像。執行「濾鏡→扭曲→內縮和外擴」指令,開啟「內縮和外擴」對話方塊,即可進行總量設定,若總量的值為正值時(最大到+100),會將選取範圍向中心位移,也就是內縮;若為負值時(最小到-100),會將選取範圍向外位移,也就是外擴。

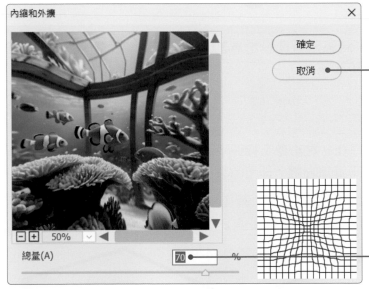

若想要回到預設值時,可以按下Ctrl鍵或Alt鍵不放,「取消」按鈕就會轉換為「預設」按鈕,接著按下「預設」按鈕,即可將所有設定設回預設值。在扭曲中的所有濾鏡皆適用此方法

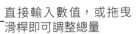

直接輸入數值,或拖曳滑桿即可調整總量

原影像 (ch10-12.jpg)

總量 +100%

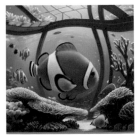

總量 -100%

 在選取範圍中加入各種扭曲濾鏡時,該圖層中的物件不能為智慧型物件,在智慧型物件上建立選取區,再執行扭曲濾鏡時,濾鏡效果會套用到整張影像上。

📷 扭轉效果

　　扭轉效果濾鏡可以旋轉選取範圍或整張影像，旋轉時，中心點的旋轉程度會比邊緣還要高。執行「**濾鏡→扭曲→扭轉效果**」指令，開啟「扭轉效果」對話方塊，設定時可以指定角度(最大值為999度，最小值為-999度)，不同的角度會製造出不同的扭轉圖樣。

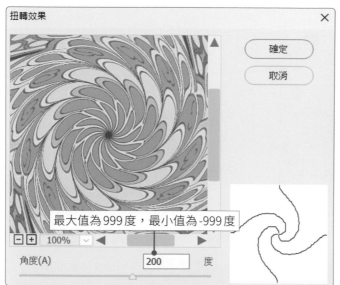

最大值為999度，最小值為-999度

角度(A)　　200　　度

ch10-13.psd

原影像

角度+200

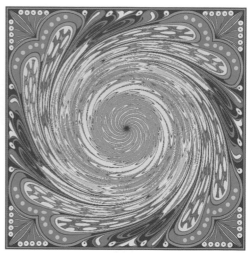

角度-500

📷 波形效果

　　波形效果濾鏡可以製造出類似漣漪或直線條的效果。執行「**濾鏡→扭曲→波形效果**」指令，開啟「波形效果」對話方塊，即可調整產生器數目、波長、振幅及縮放，還可以選擇類型，而按下**隨機化**按鈕，則可以直接套用隨機值。

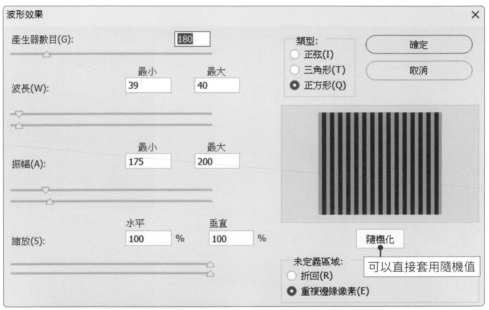

原影像(ch10-14.psd)

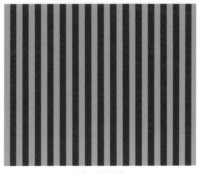

波形效果

類型：正方形
產生器數目：180
波長：39~40
振幅：175~200
縮放：水平100%
　　　垂直100%
未定義區域：重複邊緣像素

旋轉效果

旋轉效果濾鏡會根據選取的選項，將選取範圍從矩形轉換為旋轉效果，或從旋轉效果轉換為矩形。執行「**濾鏡→扭曲→旋轉效果**」指令，開啟「旋轉效果」對話方塊，即可進行設定。

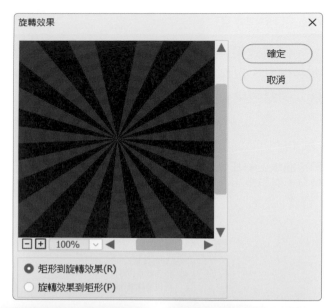

旋轉效果

確定
取消

100%

○ 矩形到旋轉效果(R)
○ 旋轉效果到矩形(P)

原影像(ch10-15.psd)

矩形到旋轉效果

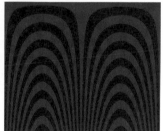
旋轉效果到矩形

魚眼效果

魚眼效果濾鏡會將選取範圍或影像包覆著球體形狀，產生扭曲的效果，若沒有建立選取範圍時，則該濾鏡會套用在影像的中央。執行「**濾鏡→扭曲→魚眼效果**」指令，開啟「魚眼效果」對話方塊，即可進行設定。

原影像(ch10-16.psd)

總量+100%

總量-100%

📷 傾斜效果

傾斜效果濾鏡可以沿著曲線扭曲影像。在設定時，可以調整曲線上的任何一個點，以製造出不同的效果。執行「**濾鏡→扭曲→傾斜效果**」指令，開啟「傾斜效果」對話方塊，即可進行設定。

調整曲線上的任何一個點，以製造出不同的效果

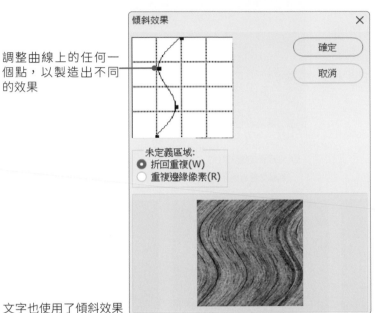

文字也使用了傾斜效果

原影像(ch10-17.psd)

折回重複

重複邊緣像素

除了上述的扭曲濾鏡外，還有**漣漪效果**濾鏡，會在選取範圍中建立起伏的圖樣，就像是池塘表面的漣漪；**鋸齒狀**濾鏡，可以根據選取範圍內的像素半徑，以放射狀扭曲選取範圍。你可以自行試試這些濾鏡套用在照片上，所帶來的效果。

10-7 風格化濾鏡

風格化濾鏡會在影像中移置像素以及尋找和增強對比，製造出繪畫或印象派效果。執行「濾鏡→風格化」指令，即可在選單中查看提供了哪些風格化濾鏡。

突出分割

突出分割濾鏡可以讓選取範圍或圖層具有3D紋理，在類型中可以選擇區塊或是金字塔，還可以自行設定突出的大小及深度。

原影像(ch10-18.psd) | 區塊類型 | 金字塔類型

尋找邊緣

尋找邊緣濾鏡會找出影像中轉變明顯的區域，並強調它的邊緣。

原影像(ch10-19.psd) | 尋找邊緣效果

📷 風動效果

風動效果濾鏡會在影像中加入細小的水平線條,以建立風動效果,建立時,可選擇輕微、強烈、搖晃等方式,還可以選擇風動的風向。

原影像(ch10-20.psd)

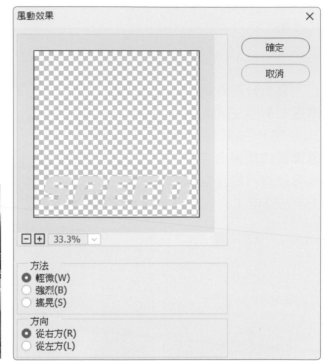

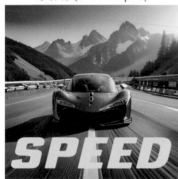

輕微

強烈

📷 浮雕

　　浮雕濾鏡會將選取範圍的顏色轉換為灰色，並以原始的顏色描繪邊緣，讓選取範圍呈現凸起或蓋印的效果。在「浮雕」對話方塊中，可以設定浮雕角度(-360度到+360度)、高度及選取範圍內顏色總量的百分比(1%到500%)。

原影像(ch10-21.psd)

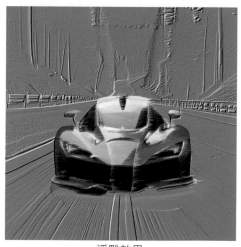
浮雕效果

10-23

📷 輪廓描圖

　　輪廓描圖濾鏡會在每一個色彩色版中，尋找主要亮度區域的轉變，並描繪出它們的外框，產生類似於輪廓圖對應中的線條效果。在設定時，可以設定色階 (0~254) 及邊緣。

原影像 (ch10-22.psd)

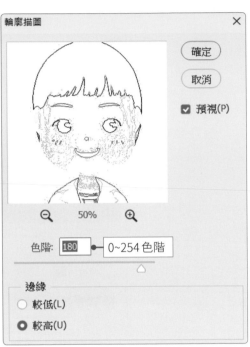

色階 180，較低

色階 180，較高

10-8 模糊濾鏡與模糊收藏館

模糊濾鏡與**模糊收藏館**濾鏡可以讓選取範圍或整個影像達到柔化的效果，很適合用於潤飾影像。執行「**濾鏡→模糊**」指令或執行「**濾鏡→模糊收藏館**」指令，在選單中提供了非常多的模糊濾鏡，可以適時的套用在照片中。

方框模糊

方框模糊濾鏡會根據鄰近像素的平均顏色數值模糊影像。在「方框模糊」對話方塊中，可以調整模糊的強度，**最大值到2000像素。**

原影像(ch10-23.psd)

強度7像素

放射狀模糊

　　放射狀模糊濾鏡可以模擬縮放顯示或旋轉相機的模糊效果。在「放射狀模糊」對話方塊，**總量**選項可以控制模糊程度，數值為1~100之間；**模糊方式**可以選擇迴轉或縮放；**品質**則可以選擇草圖、佳或是最佳。

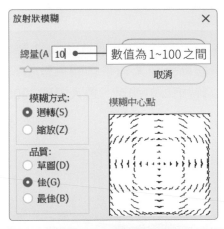

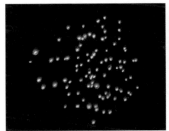  

原影像(ch10-24.psd)　　　　迴轉　　　　縮放

高斯模糊

　　高斯模糊濾鏡可以快速地將選取範圍或影像模糊化。在「高斯模糊」對話方塊中，可以調整模糊的強度，**最大值到1000像素**。

原影像(ch10-25.psd)　　　　強度 5　　　　強度 12

動態模糊

動態模糊濾鏡可以指定角度(-360度~+360度)及間距(1~999)製造出動態的模糊效果，有點類似於以固定的曝光時間，拍攝移動的相片。

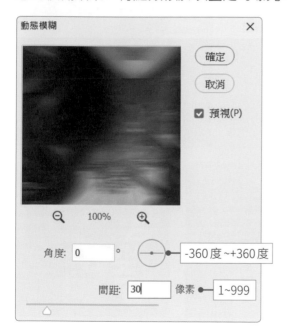

角度: 0 °　-360度~+360度

間距: 30　像素　1~999

原影像(ch10-26.psd)

選取左半邊，角度0，間距30

10-27

智慧型模糊

　　智慧型模糊濾鏡可以指定強度(0.1~100)、臨界值(0.1~100)和模糊品質，設定時可以選擇正常、僅限邊緣、覆蓋邊緣等模式。

強度　5.0　0.1~100

臨界值　10.0　0.1~100

品質：高

模式：覆蓋邊緣

原影像(ch10-27.psd)

正常模式

僅限邊緣模式

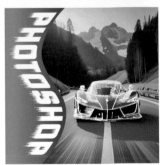

覆蓋邊緣模式

📷 鏡頭模糊

　　鏡頭模糊濾鏡可以模擬散景效果，使影像中某些物件保持焦距清晰，其他範圍則變模糊，在使用鏡頭模糊濾鏡時還可以選擇光圈形狀，並進行強度、葉片凹度、旋轉、亮部及雜訊等設定。

原影像(ch10-28.psd)

鏡頭模糊

使用鏡頭模糊濾鏡時，先於圖層中加上一個人物的圖層遮色片，這樣在設定模糊效果時，人物的部分就可以保持原樣而不會變模糊

◎知識補充：平均、形狀模糊、模糊、更模糊及表面模糊濾鏡

● **平均濾鏡**：會找出選取範圍或影像中的平均顏色，並填滿整個選取範圍或影像。

● **形狀模糊濾鏡**：可以使用指定的形狀來建立模糊效果。在「形狀模糊」對話方塊中，可以選擇內建的形狀及調整模糊的強度，**最大值到1000像素**。

● **模糊及更模糊濾鏡**：會以平均方式處理影像的邊緣，讓邊緣看起來平滑，只是**更模糊**濾鏡的效果會比**模糊**濾鏡強3~4倍。不過，這兩者的效果都不是很明顯。

● **表面模糊濾鏡**：會在模糊影像的同時保留邊緣及移除雜訊。在「表面模糊」對話方塊中，可以調整模糊的強度(1~100)及臨界值(0~254)。

📷 景色模糊濾鏡

使用**模糊收藏館**中的**景色模糊**濾鏡可以模擬出照片前景深的效果,這裡以 ch10-29.psd 為例,讓照片中的背景產生模糊效果。

1 執行「**濾鏡→模糊收藏館→景色模糊**」指令,在視窗的右側會開啟**模糊工具面板**,而影像中會自動出現一個圖釘,此時將圖釘拖曳到想要模糊的位置。

2 再於影像中設下圖釘,以標示出想要模糊的位置,設定好後,於**模糊工具**面板中,將模糊程度設定為 **10px**。

將圖釘拖曳到想要模糊的位置

按下**滑鼠左鍵**設下圖釘,以標示出想要模糊的位置

3 模糊點設置完畢後,在影像中的人物範圍設置圖釘,並將模糊程度設定為 **0 px**,這樣人物就會是清楚的。

人物範圍設置圖釘,並將模糊程度設定為 0 px

④ 若覺得模糊範圍過大，則可以再調整四周的圖釘，或者是到**模糊效果**面板中進行散景的調整。設定完成後按下**選項列**的「**確定**」按鈕，完成景色模糊的設定。

調整前　　　　　　　　　　　調整後 (ch10-29.psd)

📷 光圈模糊濾鏡

使用**模糊收藏館**中的**光圈模糊**濾鏡可以自由地在影像中設定清晰點，製作出大光圈效果。這裡請開啟 ch10-30.psd 檔案，進行以下的練習。

① 執行「濾鏡→模糊收藏館→光圈模糊」指令，此時影像上便會出現圖釘。

② 將滑鼠游標移至圖釘上，並拖曳圖釘至人物的臉上。

③ 將滑鼠游標移至框線控點外,並拖曳滑鼠即可旋轉光圈,並調整大小。

拖曳**白色圓形控點**,可以調整焦點清晰範圍,若配合 **Alt** 鍵,則可以單獨調整該控點的位置

拖曳**白色矩形控點**,可以調整光圈的形狀

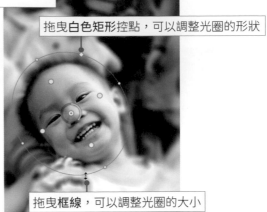

拖曳**框線**,可以調整光圈的大小

④ 光圈都調整好後,按下**選項列**的「**確定**」按鈕,完成光圈模糊的設定。

調整前

調整後 (ch10-30.psd)

📷 移軸模糊濾鏡

　　使用**模糊收藏館**中的**移軸模糊**濾鏡可以模擬以傾斜位移鏡頭拍攝的影像,有點類似「**移軸鏡頭**」的拍攝效果,目前市面上的相機也都有支援這樣的拍攝效果,而這種效果最常運用到把街景拍得像玩具模型一樣。這裡請開啟 **ch10-31.psd** 檔案,進行以下的練習。

1 執行「濾鏡→模糊收藏館→移軸模糊」指令，此時影像上便會出現圖釘，可以控制位移的位置。

2 將滑鼠游標移至圖釘上，即可進行位置、模糊程度及焦點等調整。

拖曳圖釘可調整圖釘位置

拖曳實線可調整清晰範圍

在白色控點外拖曳滑鼠，可旋轉整個傾斜位移的角度

拖曳虛線可調整漸變範圍

3 至**模糊工具**面板中，調整模糊程度及扭曲程度。

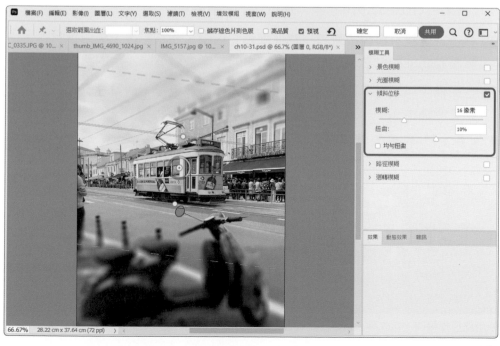

④ 都調整好後，按下**選項列**的「**確定**」按鈕，完成移軸模糊的設定。

調整前　　　　　　　　　　　　調整後 (ch10-31.psd)

📷 路徑模糊濾鏡

　　使用**模糊收藏館**中的**路徑模糊**濾鏡可以製造出具有動態感的模糊影像。這裡請開啟 **ch10-32.psd** 檔案，進行以下的練習。

① 執行「**濾鏡→模糊收藏館→路徑模糊**」指令，此時影像上會出現路徑，接著移動路徑的位置及方向，模糊效果的方向會隨著所設定的路徑而變動。

② 在影像中可設定不只一條路徑，只要再於影像上按下**滑鼠左鍵**，即可建立第二條路徑。

使用路徑模糊時，可先將人物建立一個遮色片，如此人物就不會被套用到路徑模糊的設定

③ 若還要再編輯路徑，可以至**模糊工具**面板中，將**編輯模糊形狀**勾選，藍色線的兩端就會出現紅色的線段及控點，拖曳控點即可編輯路徑。

④ 路徑調整好後，再至**模糊工具**面板中，設定模式方式、程度及錐度等。

⑤ 都調整好後，按下**選項列**的「**確定**」按鈕，完成設定。

調整前

調整後 (ch10-39.psd)

📷 迴轉模糊濾鏡

使用**模糊收藏館**中的**迴轉模糊**濾鏡可以製造出轉動的速度感影像。迴轉模糊是順著一個或多個點進行模糊處理。

執行「濾鏡→模糊收藏館→迴轉模糊」指令,此時影像上便會出現圖釘,接著即可進行調整。在**模糊工具**面板中,可以設定模糊角度。都調整好後,按下**選項列**的「**確定**」按鈕,完成迴轉模糊的設定。

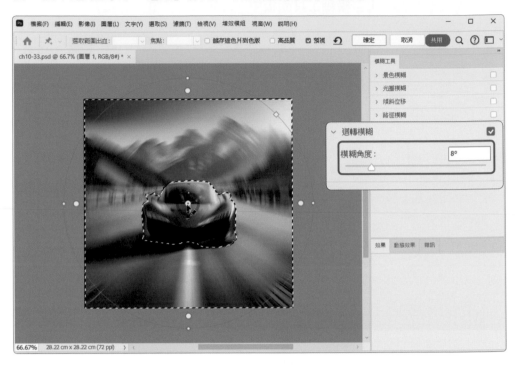

調整前

調整後 (ch10-33.psd)

10-9 Neural Filters 濾鏡

Neural Filters 濾鏡提供了許多智慧型濾鏡,且操作方式很簡單,不過,第一次使用濾鏡時,都需要先從雲端下載(會有雲端圖示),才能使用,這節就來看看如何使用。

皮膚平滑化濾鏡

皮膚平滑化濾鏡可以將影像中的人像皮膚變得更光滑沒有斑點,要使用該濾鏡時,該影像中必須要有人像,才會啟動該濾鏡。執行「濾鏡→Neural Filters」指令,在視窗的右邊就會開啟 Neural Filters 窗格,於 ❊ 精選濾鏡中,啟用皮膚平滑化濾鏡,即可調整模糊及平滑度滑桿的參數。

調整前

調整後
(ch10-34.psd)

📷 智慧型肖像濾鏡

　　智慧型肖像濾鏡可以快速地改變臉部表情、年齡、眼睛、臉部方向、頭髮的厚度等。

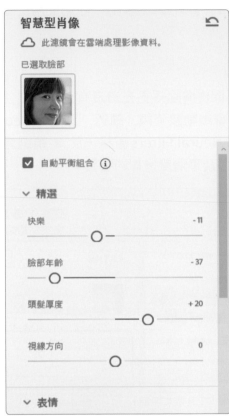

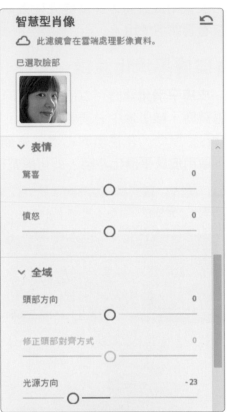

調整前

調整後 (ch10-35.psd)

風格轉移濾鏡

　　風格轉移濾鏡可以將影像套用各種畫風的色彩，例如：梵谷、畢卡索等，套用的範圍是以顏色為主，而筆觸則還是需要手動處理，所以在使用該濾鏡時，選擇適合的照片及風格才會顯示出該效果。啟用**風格轉移**濾鏡後，就會列出各種畫風，直接於清單中點選要套用的風格即可。

直接點選要套用的風格

此圖示表示尚未下載，點選後即可下載該風格

點選要使用的風格後，還可以設定強度、細節、亮度、飽和度等

調整前

套用各種風格後的結果 (ch10-36.psd)

🎞 彩色化濾鏡

彩色化濾鏡可以將黑色照片自動上色，還可以自行調整色彩。

調整前

調整後 (ch10-37.psd)

📷 相片復原濾鏡

在 **Neural Filters** 濾鏡中，除了提供功能完善的濾鏡外，還有不少的測試版濾鏡，進入 **Neural Filters** 窗格後，若為測試版濾鏡，會標註「**Beta**」。測試版濾鏡中的**相片復原**濾鏡，使用了 AI 功能來改善對比、強化細節及移除刮痕，若要修復舊照片時很有用喔。

調整前

調整後 (ch10-38.psd)

Neural Filters 濾鏡的執行方式是將影像上傳到 Adobe 的伺服器，進行演算再回傳回來，所以在執行時，速度會非常慢，且電腦可能會處於完全不能使用的狀態喔！

◎知識補充：使用線上 AI 工具進行照片修復

網路上有許多AI工具提供了照片修復的功能，只要將照片上傳，即可進行修復。

● CapCut：可以輕鬆的完成舊照片的修復，還能幫黑白照片上色。

https://www.capcut.com/zh-tw/tools/old-photo-restoration

● ImageColorizer：使用AI演算法修復舊照片，去除刮痕，還能將模糊照片變清晰。

https://imagecolorizer.com/zh-tw/repair

10-10 綜合應用－炫麗的光影與水彩藝術風

學會了各種濾鏡的使用技巧後，接下來在綜合應用中，將以二個範例，讓你了解如何將各種濾鏡組合應用，設計出更有趣的影像。

📷 炫麗的光影效果

炫麗的光影效果範例要利用濾鏡製作出炫麗的光影效果，這裡會使用到雲彩效果、網線銅版、放射狀模糊、扭轉效果等濾鏡。

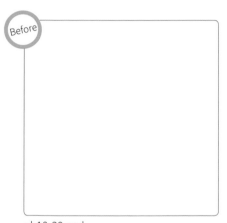
ch10-39.psd

ch10-40.psd

1 將前景色設定為**黑色**，背景色設定為**白色**，再執行「**濾鏡→演算上色→雲彩效果**」指令，即可產生黑與白的雲彩效果。

 演算上色濾鏡可以在影像中建立 3D 形狀、雲狀圖樣、折射圖樣和模擬光線反射。其中雲彩效果可以使用前景色與背景色之間不同的隨機值，製造出雲狀圖樣。

2 執行「**濾鏡→像素→網線銅版**」指令，開啟「網線銅版」對話方塊，按下類型選單鈕，選擇**短筆觸**，設定好後按下「**確定**」按鈕。

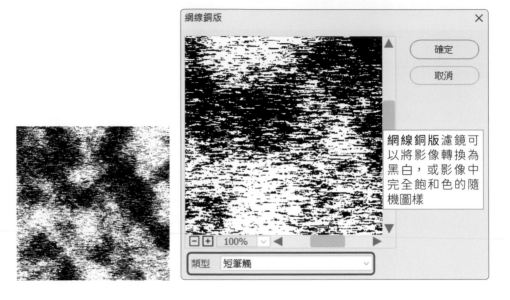

網線銅版濾鏡可以將影像轉換為黑白，或影像中完全飽和色的隨機圖樣

3 執行「**濾鏡→模糊→放射狀模糊**」指令，開啟「放射狀模糊」對話方塊，將總量設定為100，模糊方式為**縮放**，品質為**佳**，設定好後按下「**確定**」按鈕。

4 按下Alt+Ctrl+F快速鍵，再執行一次放射狀模糊濾鏡。

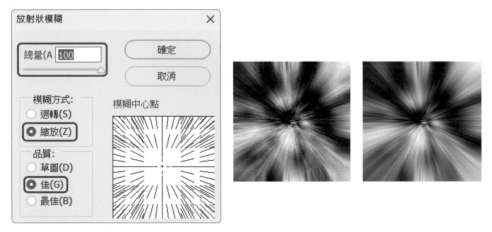

5 執行「**濾鏡→扭曲→扭轉效果**」指令，開啟「扭轉效果」對話方塊，將角度設定為130，設定好後按下「**確定**」按鈕。

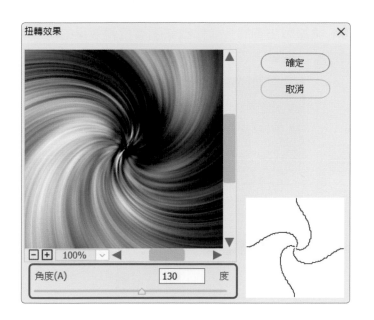

⑥ 新增一個色彩平衡調整圖層,為製作出來的光影上色。

⑦ 第1個光影製作完成後，請複製該圖層，並修改該圖層扭轉效果的角度。

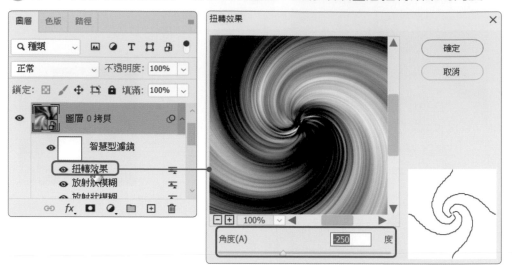

⑧ 再新增一個色彩平衡調整圖層，將第二個光影換個顏色。

⑨ 在**色彩平衡**1圖層上按下**滑鼠右鍵**，於選單中執行「**建立剪裁遮色片**」指令，讓色彩平衡1只套用於圖層0中，再將**色彩平衡**2圖層，也建立剪裁遮色片。

⑩ 最後修改**圖層0拷貝**圖層的混合模式，即可完成炫麗的光影效果。

變亮混合模式結果　　　　　　　　　　小光源混合模式結果

水彩藝術風效果

　　第二個範例要利用濾鏡收藏館中的各種濾鏡，讓圖片呈現出水彩藝術風效果。

ch10-41.psd　　　　　　　　　　ch10-42.psd

① 點選**圖層 0**圖層，再執行「**濾鏡→濾鏡收藏館**」指令，按下「**素描**」選單鈕，點選「**濕紙效果**」，將纖維長度設定為 10，亮度設定為 100，對比設定為 50，設定好後按下「**確定**」按鈕。

素描中所有濾鏡都是依據前景色及背景色做為繪製的色彩，所以在使用素描濾鏡時，最好先設定好前景及背景色

② 點選**圖層 1**圖層，執行「**濾鏡→風格化→尋找邊緣**」指令。將**圖層 1**的混合模式設定成**色彩增值**，不透明度調整為 25%。

③ 執行「**濾鏡→濾鏡收藏館**」指令，展開「**紋理**」類型濾鏡，點選「**紋理化**」，將紋理設定為**砂岩**，縮放設定為**130%**，浮雕設定為**20**，光源設定為**頂端**，設定好後按下「**確定**」按鈕，即可完成水彩藝術風效果。

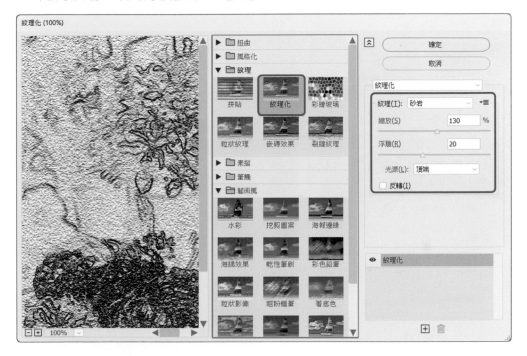

在設定紋理時，可以試著改變**紋理**的選項，不同紋理會產生出不同的效果喔！

磚紋 　　　　　　　　　　　　　　　　　　　　　　　　　粗麻布

　　除了水彩藝術風外，也可以使用**油畫濾鏡**，快速地將影像模擬出油畫效果。執行「**濾鏡→風格化→油畫**」指令，開啟「油畫」對話方塊，即可進行相關的設定，設定好後按下「**確定**」按鈕，影像便會套用油畫濾鏡。

選擇題

( ) 1. 若要重複執行上一個所使用的濾鏡時，可以使用下列哪組快速鍵？ (A) Ctrl+F　(B) Shift+F　(C) Ctrl+Alt+F　(D) Alt+F。

( ) 2. 下列關於智慧型濾鏡的敘述，何者不正確？ (A) 若對設定值不滿意時還可以重新設定　(B) 是以不破壞原影像的方式加入濾鏡效果　(C) 無法直接刪除套用的濾鏡　(D) 執行「濾鏡→轉換成智慧型濾鏡」指令，作用中的圖層就會被轉換為智慧型物件。

( ) 3. 下列關於濾鏡收藏館的敘述，何者不正確？ (A) 將扭曲、風格化、紋理、素描、筆觸及藝術等類型的濾鏡全部整合到濾鏡收藏館中　(B) 一次只能套用一種濾鏡效果　(C) 使用濾鏡效果時，會因效果圖層順序不同而產生不同的效果　(D) 執行「濾鏡→濾鏡收藏館」指令，即可進行濾鏡的設定。

( ) 4. 下列關於液化濾鏡的敘述，何者不正確？ (A) 按下Shift+Ctrl+X快速鍵，可以開啟「液化」對話方塊　(B) 縮攏工具可以讓影像產生凹透鏡的變形效果　(C) 膨脹工具可以讓影像產生凸透鏡的變形效果　(D) 重建工具可以往左、往右、放大及縮小影像。

( ) 5. 下列關於消失點濾鏡的敘述，何者不正確？ (A) 按下Shift+Ctrl+V快速鍵，可以開啟「消失點」對話方塊　(B) 可以讓我們在影像中定義透視平面，例如：建築物、牆面、樓梯或任何矩形物件的側邊等　(C) 此濾鏡適合應用於包裝盒設計或房屋外牆設計等　(D) 提供了筆刷工具、調整工具及印章工具。

( ) 6. 下列關於扭曲濾鏡的敘述，何者不正確？ (A) 內縮和外擴濾鏡會擠壓選取範圍或整張影像　(B) 扭轉效果濾鏡可以旋轉選取範圍或整張影像　(C) 魚眼效果濾鏡會將影像包覆著球體形狀，產生扭曲的效果　(D) 波形效果濾鏡可以沿著曲線扭曲影像。

( ) 7. 下列關於風格化濾鏡的敘述，何者不正確？ (A) 突出分割濾鏡可以讓選取範圍或圖層具有3D紋理　(B) 風動效果濾鏡會在影像中加入細小的水平線條，以建立風動效果　(C) 輪廓描圖濾鏡會找出影像中轉變明顯的區域，並強調它的邊緣　(D) 錯位分割濾鏡可以將影像分割成一系列的拼貼。

( ) 8. 下列哪個濾鏡可以讓我們自由地在影像中設定清晰點，製作出大光圈效果？ (A) 迴轉模糊濾鏡　(B) 光圈模糊濾鏡　(C) 景色模糊濾鏡　(D) 智慧型模糊濾鏡。

◉ 實作題 ─────────────────────────────────

1. 開啟「CH10 → ch10-a.psd」檔案，進行以下的設定。

- 將背景圖層使用雲彩效果濾鏡製作出雲彩，加入紋理效果中的彩色玻璃，使用魚眼效果製作出扭曲效果。
- 複製背景圖層，並將該圖層旋轉 180 度，再加入魚眼效果濾鏡，並將混合模式更改為覆蓋。
- 將二個圖層都加入色相 / 飽和度調整圖層，製造出不同顏色效果。
- 完成以上動作後，再使用 Neural Filters 濾鏡中的「風格轉移」濾鏡，改變圖片的風格。

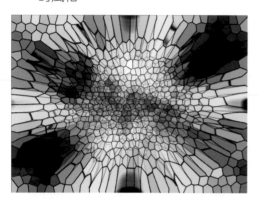 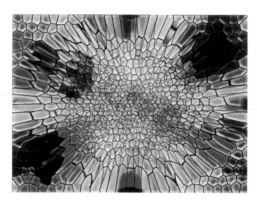

2. 開啟「CH10 → ch10-b.psd」檔案，將小朋友的眼睛變大吧！

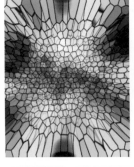

CHAPTER11

創意設計實例應用

HEALTHY VEGETARIAN

在每一口素食的背後，是一份對健康的投資，也是一份對環境的愛護。讓我們一起享受蔬食的美味，為我們的未來和子孫後代燃點希望之燭。

11-1 相片拼貼

在網路上瀏覽部落客撰寫的文章或是在 Facebook 及 Instagram 中欣賞他人的照片時,常常會看到他們將所有相片拼貼為一張大圖,這種相片拼貼的做法,在 Photoshop 中也能輕易完成喔!只要使用**邊框工具**,就能快速地建立圖文框,再將相片加入預設好的位置即可。

在相片拼貼範例中,將使用 ⊠ **邊框工具**,建立一個相片拼貼模板,並加入相片,組成一張大圖。

ch11-01.psd

ch11-02.psd

📷 使用邊框工具建立相片拼貼模板

⊠ **邊框工具**有點類似剪裁遮色片的概念,可以在一個圖層內,完成類似剪裁遮色片的效果,而且當要替換相片時,也只需將相片拖曳到邊框中,就可以完成替換的動作。了解後就來實際練習看看吧!

① 點選**工具面板**上的 ⊠ **邊框工具**,邊框工具提供了**長方形**與**橢圓**兩種邊框,我們要利用這二種邊框,在文件中建立出如下所示的相片拼貼模板。

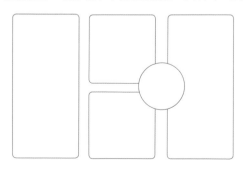

2 點選**選項列**上的 ⊠ **長方形邊框**，將滑鼠游標移至文件視窗中，拖曳出要
建立的邊框大小，第一個邊框建立好後，再繼續於文件視窗中建立出其他
邊框。

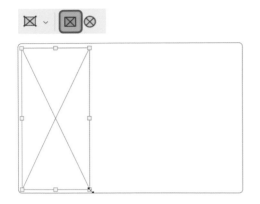

在建立正方形或正圓形的邊框時，先按著
Shift 鍵不放，再拖曳滑鼠即可

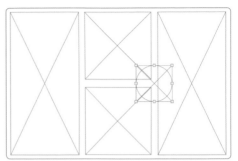

3 邊框建立好後，若要調整邊框的大小或位置時，只要點選邊框，即可將滑
鼠游標移至任一控制點上，進行調整或移動位置。

4 在**圖層面板**中，會看到每個邊框都有各自的圖層。

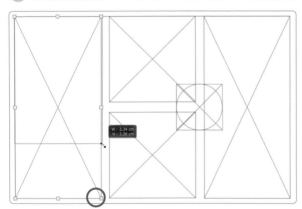

點選邊框後就會顯示控制點，使用控制點即可調整邊
框大小

每個邊框都有各自的圖層，在邊框
圖層中會顯示兩個縮圖，分別為邊
框縮圖和內容縮圖

📷 將相片置入邊框

　　相片模板製作好後，就可以將相片置入邊框了，而置入的方式也非常的簡單，只要將相片拖曳到邊框中即可。當相片置入邊框中時，會以「智慧型物件」置入，這樣才可以在不破壞相片的情況下進行縮放。

1️⃣ 進入存放要置入邊框中的相片資料夾（「美食相片」資料夾），將相片直接拖曳到要擺放的邊框中，或是執行**「檔案→置入嵌入的物件」**指令，選擇要置入的相片。

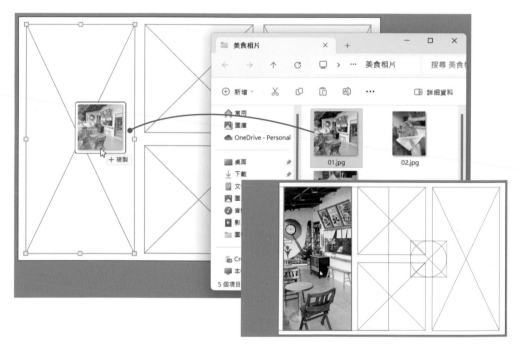

2️⃣ 相片置入邊框後，即可調整相片的位置。

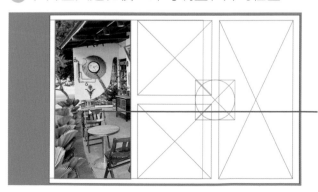

將滑鼠游標移至相片上並按著**滑鼠左鍵**不放，即可移動相片

3 若要調整相片大小時，按下 **Ctrl+T** 快速鍵，即可調整相片的大小。

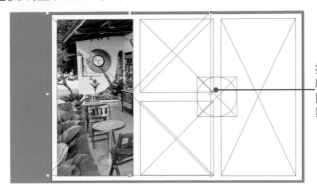

按下 **Ctrl+T** 快速鍵，
啟動任意變形指令，
即可調整大小或旋轉
影像

4 接著使用相同方式，將相片一一置入於邊框中。

5 在圖層面板中，會看到邊框圖層中多了內容縮圖。

邊框縮圖

內容縮圖

11-5

📷 選取邊框或內容

邊框與內容雖位於同一個圖層中,但要修改邊框或置入的內容物時,可以同時或分開選取,以方便修改。

若要同時選取邊框及內容物,只要在文件視窗中按一下置入的內容物或是在圖層面板中,按一下邊框圖層,即可選取,此時邊框和內容物可以一起進行移動或變形

若要選取置入的內容物時,在置入的內容物上**雙擊滑鼠左鍵**,或是在邊框圖層中點選內容縮圖

若要選取邊框時,點選邊框的框線或是在邊框圖層中點選邊框縮圖

將邊框加入筆畫

使用 ⊠ **邊框工具**繪製的邊框，可以使用**筆畫**功能，幫邊框加入框線。先選取要加入框線的邊框，再進入**內容面板**中，設定筆畫的大小及色彩即可。

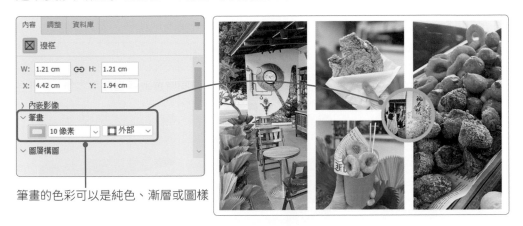

筆畫的色彩可以是純色、漸層或圖樣

加入文字

相片拼貼完成後，最後只要使用 T. **文字工具**，加上相關的標題文字，並套用各種效果，這樣相片拼貼作品就更加完整。

◎知識補充：相片拼貼 App

市面上有許多相片拼貼App，可以將多張照片合併成一張。這些App通常會提供各種已建立好的佈局，讓使用者可以設計出獨一無二的相片拼貼作品，輕鬆地將自己的作品分享到社交媒體上，與朋友和家人分享自己的回憶和創意。

● PicCollage拼貼趣：簡單易用，提供了拼貼範本，可快速地把多張照片組合。

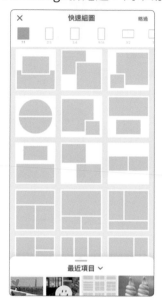  

● 拼立得：選取照片後，便會提供拼貼範本，直接套用即可完成作品。

11-2 名片設計

在名片設計範例中，將使用**文字工具**及**形狀工具**設計出具有質感的名片。一般名片大小為9公分×5公分，在此範例中已先建立好名片大小，若需求不一樣時，可以自行建立一個新的名片尺寸。

ch11-03.psd　　　　　　　　　　　　ch11-04.psd

建立 LOGO 文字並將文字轉換為邊框

在名片的最上方要使用英文字母建立 LOGO 文字，並將字母轉換為邊框，再於字母邊框中加入相片，設計出名片的主視覺。

1 點選**工具面板**上的 T.**文字工具**，分別建立五個英文字母圖層，文字大小及字體可依需求自行設定。

因為字母裡會置入影像，所以在選擇字型時，建議選粗體一點的字型，例如：Arial Black

② 在文字圖層按下**滑鼠右鍵**，於選單中點選「**轉換為邊框**」指令，開啟「新增影格」對話方塊，這裡可以設定邊框的名稱及大小，設定好後按下「**確定**」按鈕，即可將文字圖層轉換為邊框圖層。

文字圖層轉換為邊框圖層

③ 將其他字母也都轉換為邊框圖層，轉換完成後，就可以將準備好的相片(「名片相片」資料夾)置入到文字邊框中。

④ 接著在這些文字邊框上建立「色相/飽和度」調整圖層，將相片的飽和度降低。

按下此鈕於選單中點選「**色相/飽和度**」，即可增加調整圖層

⑤ 這樣就完成了名片 LOGO 主視覺的設計囉。

⑥ LOGO 製作完後，再將名片要呈現的基本資料，例如：標語文字、公司名稱、地址等。加入後，別忘了幫文字設定適當的字型及色彩。

使用矩形工具增加視覺效果

名片的主視覺設計完成後，可以使用 ▢ 矩形工具，在名片中加入二個矩形，以增加名片的視覺效果。

11-3 紙箱外包裝設計

在紙箱外包裝設計範例中,將使用**筆刷工具**在紙箱外包裝上繪製出圖案與線條。

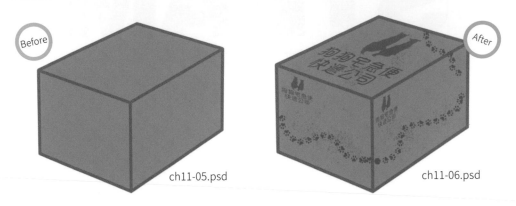

ch11-05.psd   ch11-06.psd

🖼 認識筆刷工具

Photoshop 提供了 ✏ **筆刷工具**可以建立柔和的彩色筆畫,線條類似毛筆繪圖的效果,所以可以模擬出水彩或潑墨畫。除此之外,還能自行設計筆刷或是匯入他人製作好的筆刷。

使用筆刷時,先於**工具面板**中設定**前景色**,因為筆刷的色彩是依據前景顏色而來的。色彩設定好後,再於**工具面板**中點選 ✏ **筆刷工具**,在**選項列**中進行相關的設定,設定好後即可在文件中繪製出柔和的線條。

按下選單鈕可選擇及設定筆刷樣式　設定筆刷的不透明度　控制筆刷的流量　　　　　設定對稱選項

筆刷的混合模式　　使用噴槍模擬繪畫　　　　按下此鈕,會依據感壓筆施力的輕重來控制筆尖的大小

拖曳滑桿即可調整筆刷大小及硬度,硬度為0%最柔和,硬度為100%最銳利

Photoshop 預設的筆刷,直接點選即可使用

調整筆刷大小

要調整筆刷大小，除了在**選項列**設定外，還可以使用快速鍵來設定：

☐ 按下 [及] 鍵，可以調整筆刷大小，每按一下就會以固定的級距來加大或縮小筆刷。

☐ 按下 Shift+[及 Shift+] 則可以調整硬度。

☐ 按下 Alt 鍵不放，再按住**滑鼠右鍵**並左右拖曳，可以調整筆刷大小，上下拖曳則可以調整硬度。

不透明度設定

使用筆刷時，可以設定筆刷的透明效果，設定值越低，則繪製出的筆刷就越透明，將不透明度設為 100%，就表示完全不透明。

流量設定

使用筆刷繪畫時，如果按著**滑鼠左鍵**不放，色彩深淺就會依據流量而逐漸增加，直到達到不透明設定為止，就好像我們使用色筆畫畫時，若在同一個位置反覆塗抹，顏色就會越來越濃一樣。

例如：將不透明度設定為 70%，流量設定為 40%，那麼來回塗抹時，上面的顏色就會以 70% 的比例趨近於筆刷顏色。

流量設定為 100% 時，繪製出來的筆觸就可直接達到 70% 的不透明度

流量設定為 40% 時，繪製出來的筆觸會依重疊程度逐漸增加到 70%

重覆塗抹多次，不透明度就逐漸增加到 70%

設定不透明度時，可以直接按下單一數字鍵，將筆刷工具的不透明度設為 10% 的倍數，例如：按「1」，透明度會設為 10%，按「0」則會設為 100%，按「3」和「5」兩個數字鍵，則會設定為 35%。若要設定「流量」時，也可以使用數字鍵，但要配合 Shift 鍵使用。請注意，要使用數字鍵設定不透明度及流量時，輸入法狀態必須在英數狀態下。

筆刷面板的使用

按下**筆刷工具選項列**上的 🖅 **切換筆刷面板**按鈕，或執行「**視窗→筆刷**」指令，可開啟**筆刷面板**，點選**筆刷設定**，可以進行更多的筆刷設定，而Photoshop將所有與筆刷有關的設定都集中在**筆刷設定面板**中，利用此面板可以管理及自訂筆刷樣式。

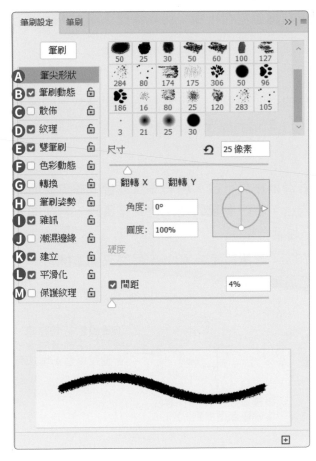

Ⓐ 筆尖形狀：在預設下筆刷樣式為圓形，若要修改筆刷樣式時，可在筆刷面板的屬性設定區中點選筆尖形狀項目，便可更改筆刷的形狀、角度、硬度、間距等。

Ⓑ 筆刷動態：進行筆刷在塗繪時的大小、直徑、角度、圓度等設定值的變化。

Ⓒ 散佈：設定筆刷的散佈方式，而筆刷的散佈方式會決定筆刷的數量及位置。

Ⓓ 紋理：設定筆刷所使用的圖樣，讓筆刷加上紋理效果。要設定筆刷紋理時，可以使用預設的圖樣，或是自訂圖樣。

Ⓔ 雙筆刷：設定刷痕外圍的顯示效果，就是將筆刷再加上另一組筆刷樣式，有點類似同時拿兩支不同畫筆進行繪圖。

Ⓕ 色彩動態：設定同一筆刷的色相、色彩飽和度及亮度的變化。

Ⓖ 轉換：設定筆刷的不透明度、流量及筆的壓力等。

Ⓗ 筆刷姿勢：度量平面中項目的距離與角度。

Ⓘ 雜訊：在刷痕上增加雜點。

Ⓙ 潮濕邊緣：使色彩沿著刷痕的邊緣累積，製作出水彩效果。

Ⓚ 建立：將漸層色調套用到影像，模擬傳統的噴槍效果。

Ⓛ 平滑化：在筆觸中產生較平滑的曲線。

Ⓜ 保護紋理：將相同的圖樣和縮放套用到所有擁有紋理的筆刷預設集。

自訂筆刷樣式

除了使用預設的筆刷樣式外，也可以自行定義筆刷樣式。在此範例中要將LOGO圖示(logo.jpg)定義為筆刷樣式。

1 開啟 logo.jpg 檔案，選取範圍，該選取範圍是要定義為筆刷樣式的範圍。

2 選取範圍設定好後，執行「**編輯→定義筆刷預設集**」指令，開啟「筆刷名稱」對話方塊，幫筆刷定義一個名稱，設定好後按下「**確定**」按鈕。

3 筆刷定義好後，開啟**筆刷設定面板**，便可以看到剛剛自訂的筆刷樣式，接著就可以開始修改筆刷設定。

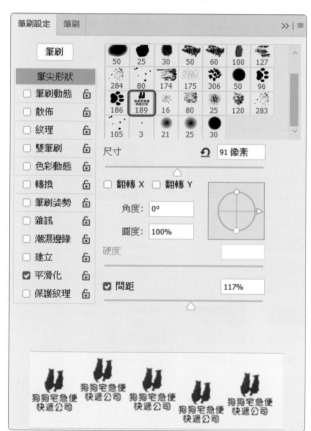

匯入筆刷

網路上有許多可供下載筆刷樣式的網站，若有需要可以至網站上搜尋筆刷樣式並下載。若要將自行儲存的筆刷檔案或網路下載的筆刷檔案載入時，可以在**筆刷面板**中按下選單鈕，於選單中執行**「匯入筆刷」**指令，開啟「載入」對話方塊後，選擇「*.ABR」檔案格式，即可將筆刷匯入。

　　本例將使用到狗狗腳印圖案的筆刷，所以在**FBrushes網站**(https://fbrushes.com)中尋找並下載了狗狗腳印的筆刷，該網站提供了許多Photoshop可以使用的筆刷，有興趣的使用者可以至該網站下載。

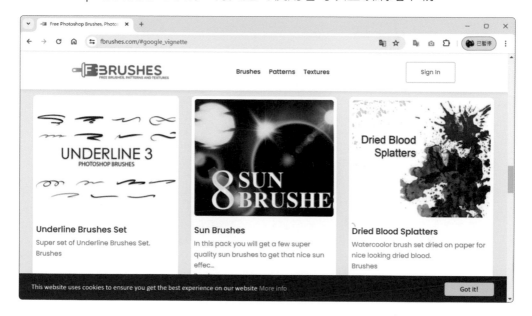

📷 在紙箱外包裝上加入筆刷

　　了解 ✏ **筆刷工具**的用途及如何自訂筆刷後，接下來就直接應用到紙箱外包裝上吧！

① 先建立一個新圖層，要在此圖層中加入有潑墨效果的筆刷。

❷ 在**工具面板**中點選 筆刷工具，於選項列中設定筆刷樣式、尺寸、角度及大小、模式、不透明、流量等，設定好後，於圖層1中加入筆刷。

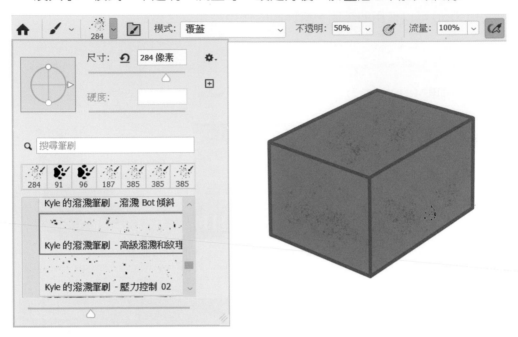

❸ 再新增圖層2，於圖層2中加入從網路上下載來的狗狗腳印筆刷。

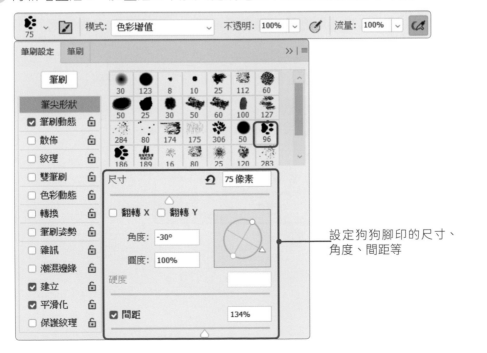

設定狗狗腳印的尺寸、角度、間距等

④ 狗狗腳印筆刷設定好後，於圖層2繪製出想要的樣式。

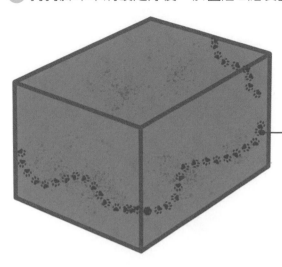

按著**滑鼠左鍵**不放並拖曳，繪製出要
呈現的路徑

⑤ 再新增圖層3，於圖層3中加入自訂的logo筆刷。

⑥ 設定好後，於圖層3按下**滑鼠左鍵**，建立logo筆刷。

⑦ 接著使用「**變形**」功能中的**旋轉**、**傾斜**或**扭曲**等功能，將logo調整成與
紙箱相同方向及角度。

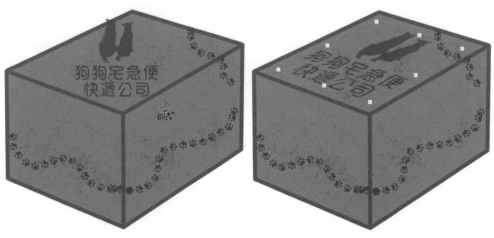

使用旋轉與傾斜功能改變筆刷的方向及角度

⑧ 使用相同方式，將紙箱的左側與右側也加入 logo 筆刷。到這裡就完成了紙箱外盒的設計囉！

◎ 知識補充：混合器筆刷工具與鉛筆工具

混合器筆刷可以用來模擬實際的繪圖技術，例如：當畫布未乾時，畫筆在潮濕或乾燥的畫布上塗抹，以製作出水彩、粉彩及油畫的繪圖效果。點選**工具面板**上的 混合器筆刷工具，於**選項列**中進行筆刷的各種設定。

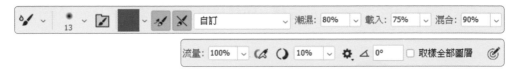

鉛筆工具可以繪出較堅硬的線條，而使用方法與**筆刷工具**大致相同，**選項列**上的設定也差不多，不過， 鉛筆工具沒有**流量**及**噴槍**設定，而多了一個「**自動擦除**」選項，將此選項勾選後，如果在與前景色相同的區域上使用 鉛筆工具時，會自動將鉛筆色彩轉為背景色，這樣就不會因為相同色彩而導致無法辨識繪製的內容。

使用 鉛筆工具時不能使用柔邊的筆刷形狀。若要繪製水平、垂直線時，先按著 Shift 鍵再拖曳畫筆。

11-4 網頁橫幅廣告設計

在網頁橫幅廣告設計範例中,將學習如何使用Photoshop把設計好的橫幅廣告轉換為動態的網頁圖檔。

ch11-07.psd

ch11-08.psd、ch11-08.gif

認識網路廣告

網路廣告大多是付費刊登在各大入口網站或是有能聚集相同需求的群聚網站中,當瀏覽者點擊該廣告,便可開啟更多的訊息或連結網頁,得到與該產品或服務相關的資訊。

網路廣告大致上可分為橫幅廣告、按鈕廣告、文字連結廣告、影音廣告等,而其中**橫幅廣告**(Banner)是入口網站最常見的廣告模式,它是最早在WWW中呈現的行銷推廣模式,通常是矩形圖片,會出現在網頁的任何地方。

橫幅廣告的尺寸沒有一定,在設計時會依版面來設定尺寸,世界上第一個橫幅廣告的長寬為468×60,這個廣告是由The Wonderfactory廣告公司老闆Joe McCambley為了宣傳美術館所製作的橫幅廣告,該廣告背後的贊助商是AT&T,從此揭開了網路廣告的序幕。

📷 橫幅廣告設計

　　製作網頁廣告時，首先要了解廣告的尺寸，若是要在 Google 投放廣告，那麼可以先至 Google Ads 說明網站中，查看各類廣告的尺寸及可使用的檔案類型及檔案大小。下表為 Google 多媒體廣告聯播網的廣告大小及尺寸規格。

類型	大小	說明
正方形和矩形	200 × 200	小正方形廣告
	240 × 400	直立矩形廣告
	250 × 250	正方形廣告
	250 × 360	三接式寬螢幕廣告
	300 × 250	內置矩形廣告
	336 × 280	大矩形廣告
	580 × 400	網路看板廣告
摩天大廣告	120 × 600	摩天大廣告
	160 × 600	寬幅摩天大廣告
	300 × 600	半頁廣告
	300 × 1050	直式廣告
超級橫幅廣告	468 × 60	橫幅廣告
	728 × 90	超級橫幅廣告
	930 × 180	頂端橫幅廣告
	970 × 90	大型超級橫幅廣告
	970 × 250	看板廣告
	980 × 120	全景廣告
行動橫幅廣告	300 × 50	行動橫幅廣告
	320 × 50	行動橫幅廣告
	320 × 100	大型行動橫幅廣告
動畫廣告 (GIF)	動畫長度和速度： 動畫長度不得超過30秒 動畫可以重複播放，但30秒後必須停止 動畫 GIF 廣告每秒畫格數不得超過 5 FPS	

資料來源：Google Ads 說明網站
　　　　　(https://support.google.com/google-ads/answer/9823397?hl=zh-Hant)

在網頁橫幅廣告設計範例中，已經先將橫幅廣告尺寸設定為「930像素×180像素」，且也將要顯示的內容都製作好，因為要將該廣告以動畫方式顯示，所以會將圖片依顯示順序放入到各圖層中。

將圖片放入到各圖層中

由下往上播放圖片

建立影格動畫

要建立成動畫的圖層都設計完成後，接著就可以將這些圖層建立影格動畫，讓圖片動起來。

① 開啟 ch11-07.psd 檔案，將圖層 0 設為顯示，其餘圖層皆設為關閉。

—先將這些圖層關閉

② 設定好後，執行「**視窗→時間軸**」指令，開啟**時間軸面板**，於面板中按下選單鈕，選擇「**建立影格動畫**」選項。

③ 在**時間軸面板**中，就會顯示第一個影格，也就是圖層 0 的內容。

④ 按下**時間軸面板**中的 ⊞ **複製選取的影格**按鈕，再於圖層面板中將 **01邊框** 圖層開啟，即可將 **01邊框**圖層加入到時間軸中。

⑤ 使用相同方式，依序將圖層加入到時間軸中。

⑥ 圖層都加入後，即可為每張圖片設定播放秒數。按下秒數選單鈕，選擇要 使用的秒數。

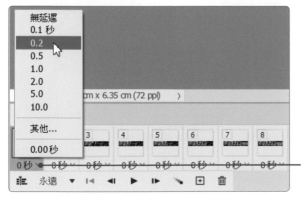

按下選單鈕，即可選擇秒數，若選單 中沒有適合的秒數，點選**其他**選項， 可以自行設定所需的秒數

⑦ 秒數都設定好後，可以按下 ▶ **播放動畫**按鈕，看看播放的效果。

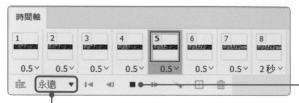

此為**循環播放**選項，選擇**永遠**，表示動畫會一直循環播放

按下 ▶ **播放動畫**按鈕後，該按鈕會轉換為**停止動畫**按鈕

將動畫轉存為 GIF 格式

　　當製作的影像是要用於網路上時，那麼可以將影像轉存為網頁適用的 JPEG(JPG)、PNG 或 GIF 格式，其中 GIF 格式支援透明色彩及動畫效果，所以在橫幅廣告範例中，要將該檔案轉存為 GIF 格式。

① 執行「**檔案→轉存→儲存為網頁用(舊版)**」指令 (Alt+Shift+Ctrl+S)，開啟「**儲存為網頁用**」對話方塊，選擇 **GIF** 格式，再選擇要使用的顏色數目，顏色越少，檔案就會越小。

這裡可以看到下載圖檔所需的時間，按下**選取下載速度**按鈕，可以選擇其他速率

② 設定好後，按下「**儲存**」按鈕，會開啟「另存最佳化檔案」對話方塊，建立檔案名稱，並按下「**存檔**」按鈕，即可將檔案儲存為 GIF 格式。

③ 檔案儲存好後，可以開啟該圖檔，看看動畫的播放效果。

11-5 Instagram 貼文設計

Instagram 是以視覺為主的社群媒體,當我們觀看 Instagram 時,總是會被一些充滿創意的貼文所吸引,而在 Photoshop 中也可以設計出吸引人的貼文。設計 Instagram 貼文時,要注意影像的尺寸,適合用於 Instagram 的尺寸有**直式**(1080×1350 px,長寬比 4:5)、**方形**(1080×1080 px,長寬比 1:1) 及**橫式**(1080×566 px,長寬比 1.91:1) 等。

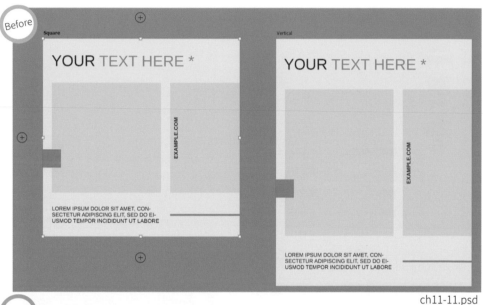

ch11-11.psd

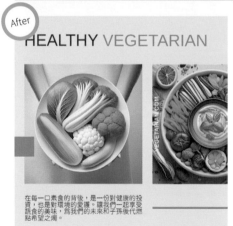

ch11-11Square.psd、Square.png

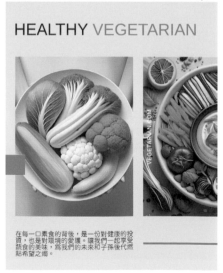

ch11-11Vertical.psd、Vertical.png

🖼 使用範本製作貼文

　　Photoshop 提供了不少的範本，我們可以直接開啟使用，這裡我們直接使用 Photoshop 提供的範本建立 Instagram 貼文影像。

1 執行「**檔案→新增文件**」指令，開啟「新增文件」對話方塊後，點選「**行動裝置**」選項，就會看到範本，直接點選要使用的範本，再按下「**下載**」按鈕，即可進行下載。

2 下載完後，按下「**開啟**」按鈕，即可在文件視窗中開啟該範本。

3 該範本是以工作區域方式建立的，所以會看到兩個不同尺寸的工作區域，而每個工作區域都有各自的圖層群組。

4 接著就可以開始將設計元素增加至工作區域，或直接修改範本內容。文字部分直接修改即可，而灰色放置圖片的位置為「嵌入的智慧型物件」，要編輯時，只要到**內容面板**中，按下**「編輯內容」**按鈕，即可開啟該檔案進行編輯的動作。

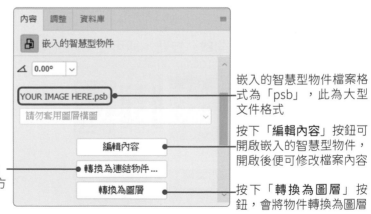

⑤ 完成範本的修改。

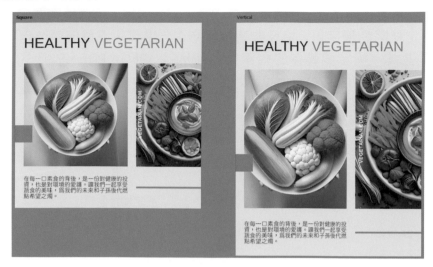

📷 轉存工作區域

範本修改好後，可以將工作區域轉存成其他格式。若要轉存為PNG、JPG或GIF格式時，選取要轉存的工作區域圖層後，執行「**檔案→轉存→轉存為**」指令，開啟「轉存為」對話方塊，即可選擇及設定要轉存的格式。

　　若要將工作區域轉存為檔案時，可以執行「**檔案→轉存→工作區域轉存檔案**」指令，開啟「工作區域轉存檔案」對話方塊，選擇檔案要儲存的位置、設定檔案名稱字首、指定要轉存所有工作區域，或是僅轉存目前選取的工作區域、設定要轉存的檔案類型(BMP、JPEG、PDF、PSD、Targa、TIFF、PNG-8及PNG-24)等，設定好後按下「**執行**」按鈕。

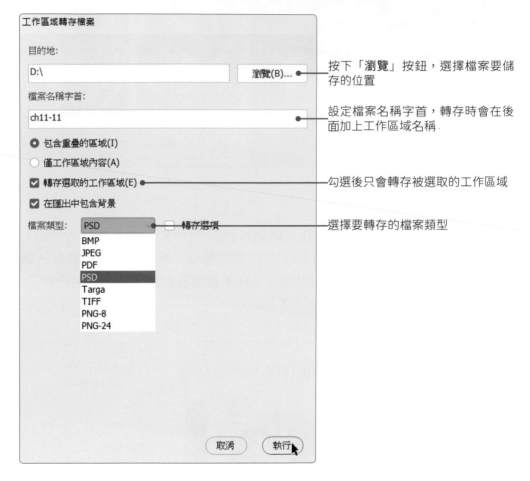

按下「瀏覽」按鈕，選擇檔案要儲存的位置

設定檔案名稱字首，轉存時會在後面加上工作區域名稱

勾選後只會轉存被選取的工作區域

選擇要轉存的檔案類型

自我評量

◎ 選擇題

( ) 1. 下列關於邊框工具的敘述，何者不正確？ (A) 提供了矩形與橢圓兩種邊框
(B) 可以將文字圖層轉換為邊框 (C) 可以幫邊框加上純色、漸層及圖樣等筆
畫 (D) 圖片加入邊框後就無法再更換。

( ) 2. 下列哪一個工具所繪製的線條類似毛筆繪圖的效果，所以可以模擬出水彩或
潑墨畫？ (A) 漸層工具 (B) 魔術棒工具 (C) 筆刷工具 (D) 鉛筆工具。

( ) 3. 將筆刷硬度設定為多少百分比，所繪製出的線條會最為柔和？ (A) 0%
(B) 50% (C) 100% (D) 不用設定。

( ) 4. 在筆刷面板中的哪個項目，可以設定同一筆刷的色相、色彩飽和度及亮度的
變化？ (A) 散佈 (B) 色彩動態 (C) 紋理 (D) 筆刷動態。

( ) 5. 如果要載入筆刷時，下列哪個檔案格式最為適當？ (A) *.grd (B) *.pat
(C) *.psd (D) *.abr。

( ) 6. 使用鉛筆工具繪製水平及垂直線時，可以配合下列哪個按鍵來繪製？
(A) Shift (B) Ctrl (C) Alt (D) Tab。

( ) 7. 使用「儲存為網頁用」指令時，無法將檔案儲存為下列哪種檔案格式？
(A) TIF (B) GIF (C) PNG (D) JPEG。

( ) 8. 設計 Instagram 貼文時，下列哪個尺寸較不適合？ (A) 長寬比 4:5 (B) 長寬
比 1:1 (C) 長寬比 5:7 (D) 長寬比 1.91:1。

◎ 實作題

1. 使用邊框工具設計一張橫式 (1080×566 px) 的 DM。

2. 開啟「CH11 → ch11-a.psd」檔案，使用筆刷工具設計馬克杯外觀吧！

3. 開啟「CH11 → ch11-b.psd」檔案，製作 5、4、3、2、1 倒數動畫。

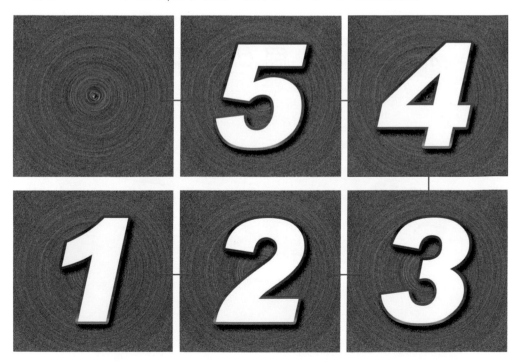

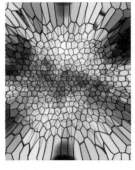

C H A P T E R 1 2

使用AI工具生成圖片

在每一口素食的背後，是一份對健康的投
資，也是對環境的愛護。讓我們一起享受
流食的美味，為我們的未來和子孫後代燃
粘希望之燭。

HEALTHY VEGETARIAN

12-1 關於生成式AI

生成式人工智慧(Generative Artificial Intelligence, **GenAI**)是透過**機器學習模型**研究歷史數據的模式,根據處理的內容,由AI自動生成新的數位內容,如文字、語音、圖像、視訊、商品、場景等,都可由AI演算法自動生成,而這些生成的資料與訓練資料會維持相似,但不是複製。

生成式AI所使用的生成模型有很多種,目前大多數都是依賴**生成對抗網路**來運作,從大量資料中透過GAN手法生成擬真資料;而**擴散模型**(Diffusion Model)則主要用於圖像生成和圖像修復,擴散模型的訓練目標是促使生成的圖像與真實圖像之間的差異最小化,透過逐步填充和更新圖像的像素值,直到生成完整的圖像。

生成式AI工具

隨著AI技術的日益成熟,各種生成式AI的應用工具也紛紛問世,透過這些服務,可以快速生成文字、圖像、語音、音樂、影片等各種形式的內容,可應用於創作、自動化任務、數據增強、數據生成、產品設計、影視特效、遊戲開發等各種領域。下表所列為熱門的生成式AI工具。

應用領域	應用軟體及服務
文字	ChatGPT、Google Gemini、Copilot、Quora Poe、Writesonic、Jasper AI、Taiwan LLM ChatUI、Claude
圖像	Midjourney、Leonardo.Ai、DreamStudio、Freepik AI Image Generator、Designer影像建立工具、DALL-E 3、Stable Diffusion、Stableboost、Deep Dream Generator、Fotor、Craiyon、Disco Diffusion、PhotoRoom、Lexica、MyEdit
音樂	Soundful、boomy、Mubert、Splash
影片	Make-A-Video、Runway、Tavus、Synthesia、Fliki
語音	Speechify、Resemble AI、雅婷文字轉語音、Fliki

AI繪圖

AI繪圖近年成為熱門話題,AI的進步,讓即使沒有繪圖天分的人,也可以輕鬆成為藝術創作者,而隨著AI所使用的演算法愈來愈複雜且多變,因此AI繪圖開始被運用在商業和藝術等領域上。

　　AI繪圖的興起，讓繪圖生成平臺大受歡迎，在使用繪圖生成平臺生成圖片時，都須使用自然語言描述需求或情境(常見的說法有指令、詠唱、咒語、提示詞等)，讓AI更好地理解並輸出符合期望的結果。在撰寫提示詞時，要明確描述主題、提供重要的細節、確定繪畫風格或氛圍需求、提供相關參考、避免過於複雜，保持提示詞的簡潔和清晰、使用清晰語言等。

　　對於初學者來說，在撰寫AI繪圖提示詞(Prompt)時，如何精確地表達自己的想像力，成為了一個挑戰。此時，可以先使用AI繪圖提示詞生成器，來生成提示詞。

ChatGPT

　　ChatGPT可以將想法轉換成更好的AI繪圖提示詞，或不懂專業術語、圖片風格、繪畫風格等專業的圖片相關描述的詞語時，皆可以使用ChatGPT。例如：「我要用AI繪圖工具製造一張個人照片的梵谷風格版本，請建議我可以在提示詞中加上哪些英文關鍵字」；「請根據下面的AI繪圖提示詞邏輯，撰寫一份關於XXXXXX的AI繪圖工具英文提示詞」。

PromptHero

　　PromptHero是一個分享平臺(https://prompthero.com)，收錄了許多圖片生成的提示語資源，可以依照AI繪圖工具或風格類別來挑選想要的範例圖片。點選圖片後，就可以看到該圖片所使用的提示詞、軟體以及模型。

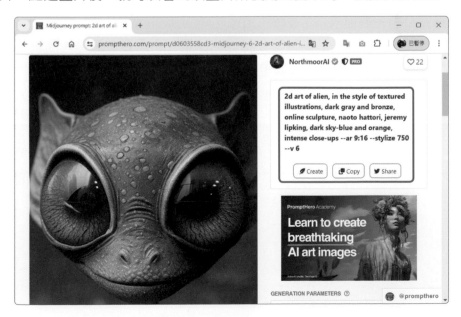

Lexica.art

Lexica.art 是 AI 繪圖工具 (https://lexica.art/)，可以生成圖片也可以查看圖片所使用的提示詞，點選圖片後，即可看到完整的提示詞。

如果想看更多類似這張圖片風格的提示詞，可以按下「Explore this style」按鈕，就可以看到更多類似的圖片

無界 AI

無界 AI 是一個提示詞生成器 (https://www.wujieai.com/tag-generator)，提供人物、角色、五官、頭髮等多種描述標籤，不需要自己輸入關鍵字，只需要點選想要的標籤，就能生成中文或英文的提示詞。

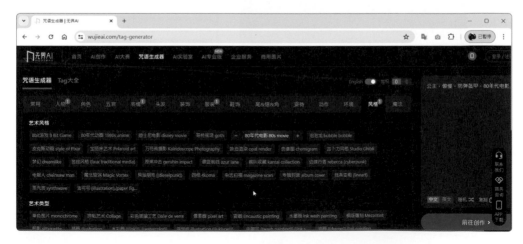

12-2 生成填色與生成擴張

Photoshop 提供了生成填色與生成擴張的 AI 工具，讓我們可以使用簡單的文字提示來新增、移除或修改影像。

📷 生成填色

使用生成填色功能時，只要輸入文字提示，即可快速地移除影像中的物件或新增物件在影像中，生成填色功能會以非破壞性的方式新增或移除內容。這裡請開啟 ch12-01.jpg 檔案，進行以下練習。

1 首先使用任何的選取工具，選取影像中的物件或區域。

2 在**相關工作列**中，按下「**生成填色**」按鈕，接著在提示方塊中輸入提示文字（中英日文皆可），描述要產生的物件或場景，輸入好後按下「**產生**」按鈕，便會開始進行生成。

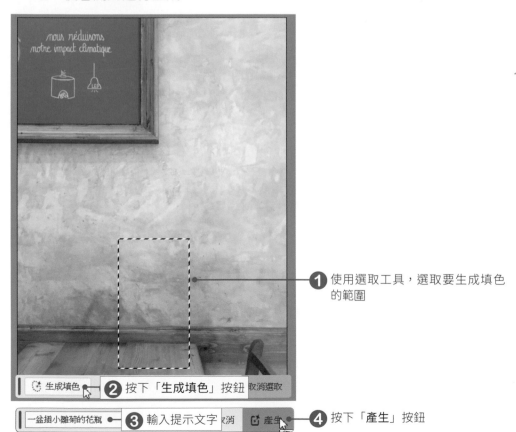

1 使用選取工具，選取要生成填色的範圍

2 按下「**生成填色**」按鈕

3 輸入提示文字

4 按下「**產生**」按鈕

③ 生成完後，在選取範圍中就會出現生成的物件，生成填色提供了三種變化，可以在**相關工作列**中切換變化版本，或是在**內容面板**中，點選要使用的生成結果。

生成的結果

一盆插小雛菊... ⟨ 1/3 ⟩ 產生 ···

切換生成的結果

一盆插小雛菊... ⟨ 3/3 ⟩ 產生 ···

④ 生成出的物件會自動建立新的「生成圖層」，點選此圖層後，即可在內容面板中，查看文字提示、遮色片和變化版本。

生成圖層，若不喜歡生成的結果，只要將該圖層刪除即可

若都不滿意生成出的結果，可再按下「產生」按鈕，繼續生成

直接點選要套用的版本

⑤ 使用相同方式，可再生成其他物件。

ch12-02.psd

　　使用生成填色時，也可以選取要移除的物件，然後按下「**生成填色**」按鈕，且不輸入文字提示，選取的物件就會從影像中移除，或以影像中周圍的內容取代。

ch12-03.jpg

ch12-04.psd

使用生成填色時，還可以直接從空白版面開始，從無到有的創作出獨一無二的作品。

ch12-05.psd

使用生成填色時，常會生成出令人啼笑皆非的作品，此時可以試著修改提示文字，或換個方式提問，多試幾次就能產生出好作品囉！

an adorable and fluffy baby dinosaur, cowboy, bandana over mouth, western, desert, with a western village and saloon, sandstorm, bright sky, with blur background, high quality

18世紀的歐洲小漁港，蒸汽龐克的交通工具穿梭在熱鬧的市集，路上的行人騎乘機械式的蒸氣動力腳踏車，天上飛過一台太空船

ch12-06.psd

ch12-07.psd

📷 生成擴張

　　使用生成擴張功能可以用簡單的文字提示擴展影像尺寸並產生內容。當我們在使用裁切功能或擴張版面時，於**相關工作列**上就會顯示「**生成擴張**」按鈕，該功能會使用新產生的內容自然地與現有影像結合，填滿空白的空間。

1 開啟ch12-08.jpg檔案，按下**工具面板**上的 🔳 **裁切工具**，在**選項列**上將「**填滿**」設定為「**生成擴張**」，在**相關工作列**上就會顯示「**生成擴張**」按鈕。

2 當拖曳左右兩邊控點擴張版面時，**相關工作列**中就會顯示提示方塊，接著在提示方塊中輸入提示文字，或不輸入直接按下「**產生**」按鈕，便會開始進行生成擴張。

拖曳控點即可擴張版面

輸入提示文字，若不輸入會自動將產生的內容自然地與現有影像結合，填滿空白的空間

③ 接著就會依據影像周圍的像素來填滿選取範圍，同樣提供了三種變化，可以在**相關工作列**中切換變化版本，或是在**內容面板**中，點選要使用的生成結果。

新增提示... ‹ 1/3 › 產生 ...

ch12-09.psd

以下是生成擴張的範例。

ch12-10.psd

ch12-11.psd

12-3 Midjourney

　　Midjourney掀起了「人人都是藝術家」的風潮,已成為主流的AI繪圖工具之一,使用者只要輸入關鍵字,就可以透過AI演算法產生相對應的圖片,其運算速度很快,自動生成一幅作品只需1至2分鐘,在短時間內就能創作出令人讚嘆的作品。

　　Midjourney能夠處理更大、更複雜的語言數據集,能夠生成更真實、更細緻、更少錯誤、風格更加奔放、無縫紋理、更寬的縱橫比的圖片。Midjourney須付費才能使用,收費方式有月繳或是年繳,最低費用是月繳10美元(年繳則是每月8美元),而生成出的圖片是可以商用的。

　　要使用Midjourney時,可以直接在瀏覽器中使用,按下「Log in」按鈕,即可進行登入的動作(https://www.midjourney.comshowcase)。

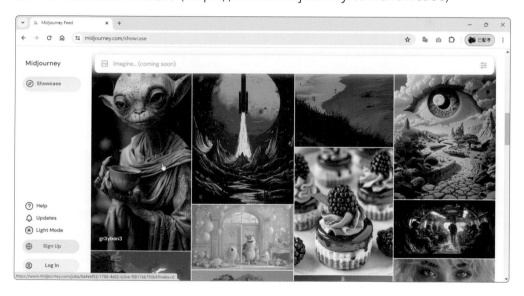

　　也可以在Discord(免費的網路即時通訊和數位發行平臺)中使用,先進入官網(https://www.midjourney.com),再點選「Log in」按鈕,即可進入Midjourney的Discord,若已有Discord帳號可直接登入,若無則須先進行註冊及驗證。

　　進入Discord後,在左邊欄位中可以看到許多聊天室和對話串,還有歡迎新手加入的聊天群組,除此之外,還有一些作品可以觀看。

想要繪製自己的作品，只要在聊天框輸入「/imagine」，就會出現「Prompt」的框框，在框框裡輸入關鍵字或是句子，接著Midjourney就會開始創作了，完成後會看到四張概念圖，接著可以透過下方的按鍵來調整細節，U (Upscale) 代表能選擇其中一張圖片，放大像素並提升細節；V (Variations) 會根據所選的圖片來延伸畫面。

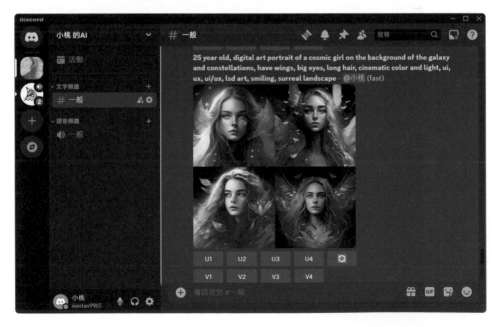

Midjourney使用時像是和機器人對話的模式，輸入產生圖片的描述提示詞(prompt，或者稱為詠唱、咒語)及相關參數(--ar(建立長寬大於2:1圖片)、--hd(高畫質)、--niji(漫畫風格)、--test(藝術風格)、--tile(無縫重複圖像或填充空白))後就會快速產生四張圖片。

在下提示詞時掌握「**人事物＋風格＋細節設定＋相關參數**」原則，詳細的提示詞用法可以參考 Midjourney 所提供的教學(https://docs.midjourney.com/docs/prompts)。

12-4 Leonardo.Ai

Leonardo.Ai能夠讓輕鬆創作出多樣風格的圖片，內建多種經過訓練的繪圖模型，可以生成各種風格的作品，且生成的圖片可用於商業用途。

Leonardo.Ai有提供免費使用，但不是免費無限使用，每日提供免費的150點給使用者，生成圖片時會扣掉點數。而付費方案分為每月12美元、30美元及60美元等三個等級，年繳者有20%的折扣。

登入 Leonardo.Ai

要使用Leonardo.Ai時，須先至官網註冊帳號，進入官網後，按下「**Get Started**」按鈕，進入登入頁面中。

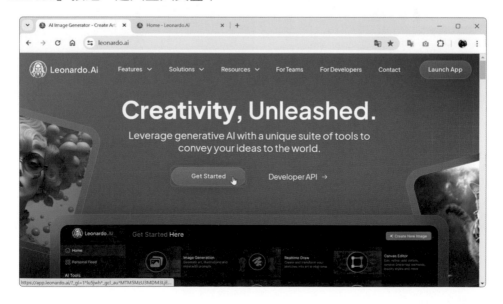

　　註冊時可以使用Apple帳號、Google帳號、微軟帳號，或直接輸入E-mail進行註冊。

　　登入時需要先填寫表單回答問題後，就能進入主要介面，在右邊會顯示其他人生成的圖片，只要點選喜歡的圖片風格，就會出現圖片的簡介。

　　點選他人生成的圖片後，即可看到該圖片所使用的提示詞及相關設定，我們可以直接按下「Generate with this model」按鈕，就能使用該模組生成圖片。

📷 生成圖片

在Leonardo.Ai中要生成圖片時，只需輸入文字指令，就可以生成出各種風格的圖片，也可使用「以圖生圖」功能。登入後，按下「Image Generation」按鈕，就會進入圖片生成的頁面，接著選擇生成圖片的風格、對比、生成模型、圖片尺寸及圖片數量，再輸入提示詞。

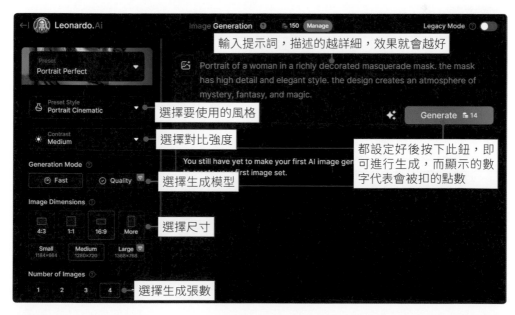

都設定好後，按下「Generate」按鈕，便會開始進行生成的動作，生成完成後便會顯示生成出的圖片。若要下載圖片時，只要將滑鼠游標移至圖片上，再按下「Download image」按鈕，即可下載圖片，格式為 jpg。

以下為使用 Leonardo.Ai 生成圖片的範例。使用提示詞時，要避免輸入涉及仇恨、騷擾、暴力、自殘、裸露、假新聞、政局、醫療、疾病及非法活動等主題。

a beautiful anime girl in the streets of a city in the Western Sahara, by artgerm, intricate detail, trending on artstation, fluid motion, stunning shading

a cute fluffy cat pilot walking on a military aircraft carrier, unreal engine render, cinematic

字母(P)與(S)裡面充滿了花與草是透明的,會發亮,背景是有許多植物的叢林

Surrealism, steampunk city, train pass through the La Tour Eiffel, Sunset, Exquisite depiction

在生成圖片時也可以上傳自己的圖片做為生成的參考,只要按下提示詞欄位中的 🖾 按鈕,即可選擇要上傳的圖片,上傳完成後,按下「Generate」按鈕,便會開始進行生成的動作。

上傳要參考的圖片

在 Leonardo.Ai 中生成的圖片會顯示於「**Personal Feed**」頁面中，進入
該頁面後，便能看到所有生成出的圖片。

點選圖片即可看到該張圖的相關設定。

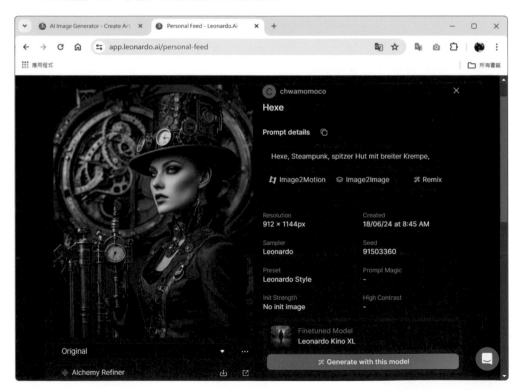

12-5 DreamStudio

DreamStudio是由Stability AI公司所開發的，與Midjourney相比更加簡單、快速，是一款非常方便的生成工具，且圖片可允許在商業用途上(CC0)。

📷 登入 DreamStudio

要使用時，先進行登入的動作，進入DreamStudio網頁後(https://beta.dreamstudio.ai)，按下「**登入**」按鈕，進入登入頁面中，這裡可以使用Google、Discord帳號，或是註冊一組DreamStudio帳號。

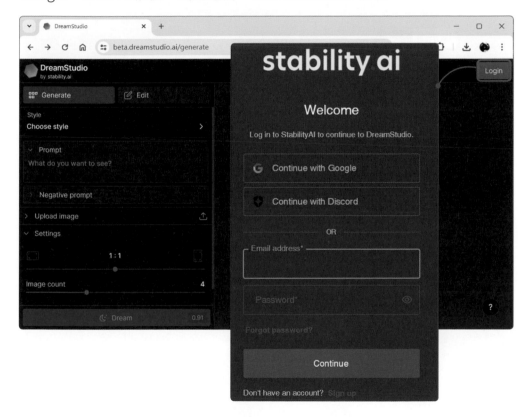

DreamStudio提供了「生成模式」及「編輯模式」，生成模式可生成圖片；而編輯模式上傳想修復或調整的圖片。DreamStudio提供了免費的25 credits(約125張圖)。每次生成所需的credits會依照不同的圖片設定而有不同，圖片品質要求越高所需的credits就越多，品質低所需的credits就越少，免費額度的credits用完後就需要付費。

📷 生成圖片

　　登入到DreamStudio後，會進入到主頁，左邊是用來設定要生成的內容，右邊會顯示四宮格，是圖片產生的地方。當提示詞、尺寸及張數設定好後，只要按下「Dream」按鈕，即可生成圖片。

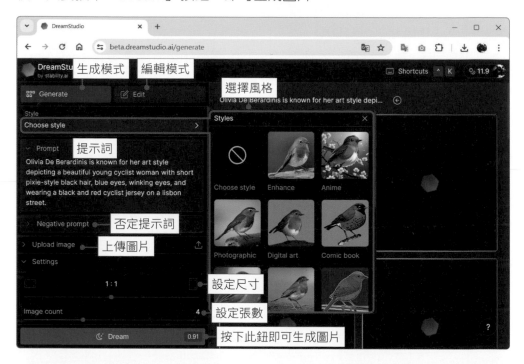

　　圖片生成完成後，按下 ⬇ 按鈕，即可將生成出的圖片下載至裝置中。

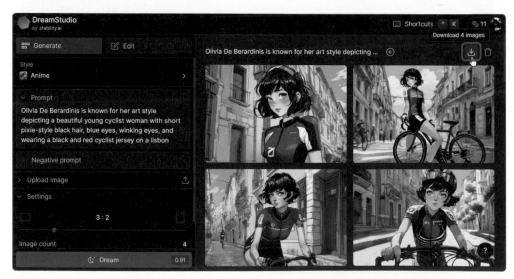

以下為使用DreamStudio 生成圖片的範例。

The Taiwanese girl is facing the camera, with her whole body and a beautiful smile. She is wearing a bohemian style dress with long flowing hair. She is holding a straw hat at the beautiful seaside. The sea breeze lifts her dress.	In a small European fishing port in the 18th century, steampunk vehicles shuttled through the bustling market. Pedestrians on the road rode mechanical steam-powered bicycles. A spaceship flew in the sky. Surrealism, high image quality, and three-dimensional light sources.

Woolhorn: Appearance: A small creature with fluffy white fur dotted with bright colored dots. He has large, shiny eyes that change color depending on his mood. The ears resemble flower petals.

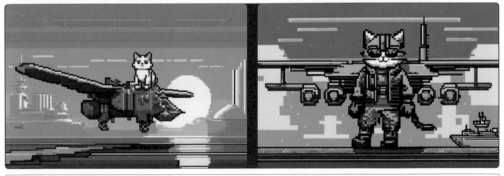

a cute fluffy cat pilot walking on a military aircraft carrier, unreal engine render, cinematic

在 DreamStudio 生成出的圖片都會顯示於視窗的右邊，點選該圖片，即可查看相關資訊。

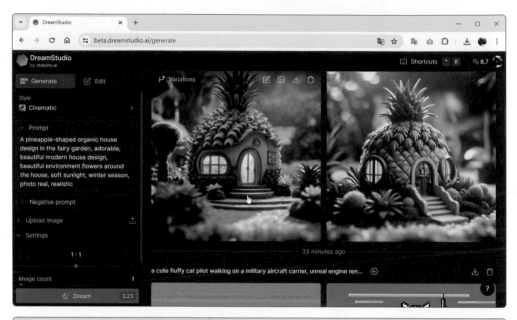

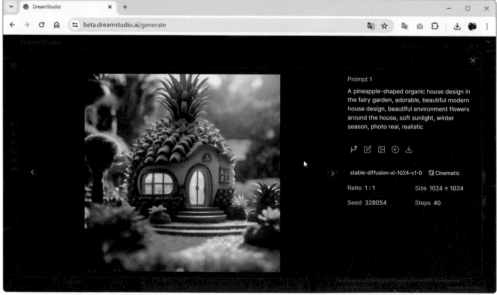

 DreamStudio 下載的圖片格式為「png」。

12-6 Freepik AI Image Generator

Freepik AI Image Generator是線上圖庫「Freepik」所開發的免費AI圖片生成工具,只要輸入提示詞就會自動分析並產生圖片。

登入 Freepik AI Image Generator

要使用Freepik的免費AI圖片生成工具時,須先註冊一個Freepik帳號,也可直接使用Google或Apple帳號登入,先進入AI Image Generator頁面(https://www.freepik.com/ai/image-generator),按下「**Generate**」按鈕,會要求先進行登入的動作,登入完成後即可進入生成圖片頁面中。

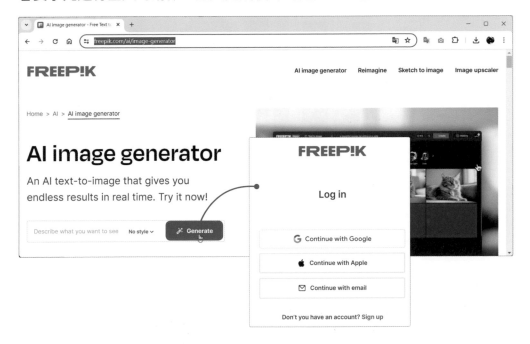

目前免費版每天可執行5次AI生成圖片,每次生成4張圖片(同一個提示語會有四種不同的變化)。付費版採取訂閱制,有月繳$15 EUR、年繳$108 EUR等兩種方案。付費版沒有生成圖片張數的限制,還會提供最大解析度的圖片。

使用時,要注意智慧財產權的問題,Freepik人工智慧產品條款的內容強調,使用者不可侵犯第三方的智慧財產權。例如:不能用AI生成迪士尼的角色。

📷 生成圖片

要生成圖片時，只要在圖片描述欄位中輸入提示詞，若沒有靈感時，可以直接點選下方隨機產生的內容，再按下風格選單鈕選擇圖片的風格，設定好後按下「Generate」按鈕，即可生成出四張圖片。

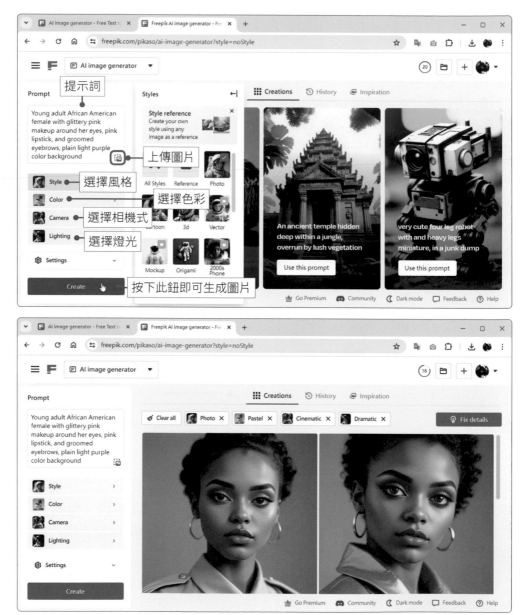

若要下載圖片時，只要將滑鼠游標移至圖片上，再按下 ⬇ 按鈕，即可進行下載的動作，下載的圖片格式為jpg。

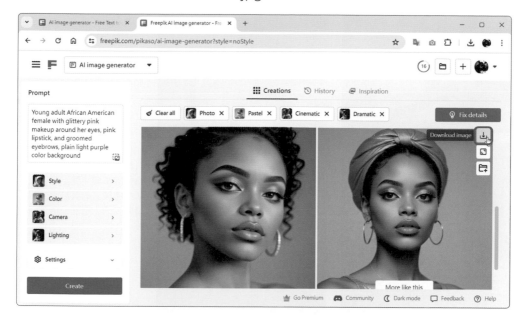

以下為使用 Freepik AI Image Generator 生成圖片的範例。

a small sloth holding
a piece of watermelon
with its tiny paws, taking
little bites, eyes closed in
delight, cute ink sketch
style illustration

真實立體3D，長頸鹿坐在沙發上吃著麥當勞薯條，旁邊有一杯巨大的可樂，8K解析度呈現，HDR

18世紀的歐洲小漁港，蒸汽龐克的交通工具穿梭在熱鬧的市集，路上的行人騎乘機械式的蒸氣動力腳踏車，天上飛過一台太空船

Beautiful pen and ink sketch of lisbon, photorealist, colored, detailing, daytime

interior of luxury condominium with minimalist furniture and lush house plants and abstract wall paintings | modern architecture by makoto shinkai, ilya kuvshinov, lois van baarle, rossdraws and frank lloyd wright

在 Freepik AI Image Generator 中生成的圖片會顯示於「**History**」頁面中，進入該頁面後，便能看到所有生成出的圖片。

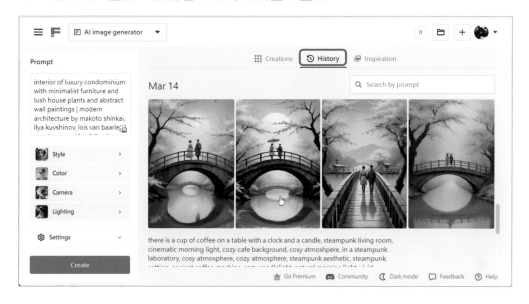

點選圖片後，會進入編修的頁面，在此可以重新設定圖片，再生成出不同風格的圖片。

12-7 Microsoft Copilot

Microsoft Copilot 是 Microsoft 所推出的 AI 助手，可以在各種情境下協助工作，還能生成圖片。

📷 關於 Microsoft Copilot

Copilot 分為免費版及付費版，只要擁有 Microsoft 帳戶，便可以在 Windows 11 及 Edge 中免費使用。Windows 中的 Copilot、Copilot Pro 及 Copilot for Microsoft 365 這三者的主要區別在於，透過付費計劃，可以將 Copilot 與 Word、Excel、Outlook、PowerPoint 等一起使用。

Windows 11 (須更新到最新版本) 中的 Copilot，可以協助我們管理 PC 上的設定、啟動應用程式或簡單地回答問題及生成圖片。只要按下工作列上的 Copilot 圖示，或是按下 ⊞ + C 快速鍵，即可在桌面右邊開啟 Copilot。

按下此鈕即可在桌面右邊開啟 Copilot

Copilot 除了在作業系統中使用外，還可以直接在瀏覽器中使用，只要進入 Copilot 網站 (https://copilot.microsoft.com)，點選「**Designer**」選項，便可以進行圖片生成。

點選「Designer」，便可進行圖片生成

生成出的圖片

在這裡輸入提示詞

除此之外，還可以在Microsoft Edge瀏覽器中使用，開啟瀏覽器後，按下右上角的 ⬡ Copilot圖示，或是按下**Ctrl+Shift+.**快速鍵，即可開啟Copilot窗格；也可以按下 ⬤ Image Creator from Designer圖示，開啟「Image Creator from Designer」窗格。

按下 ⬡ 圖示，或是按下 **Ctrl+Shift+.**快速鍵，即可開啟 Copilot

按下 ⬤ 圖示，開啟「Image Creator from Designer」窗格

📷 使用 Copilot 生成圖片

在Edge中的Copilot，也能進行圖片生成，只要在欄位中輸入相關的提示詞，即可進行生成的動作。

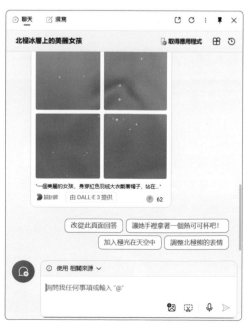

Copilot會生成出四張正方形圖片，點選圖片，即可在影像建立工具頁面中預覽該圖片，在此頁面中可以將圖片分享出去，或是下載到裝置中，在預設下圖片大小為1024×1024，格式為jpg。

按下「下載」按鈕，即可將圖片下載至電腦中

📷 Designer影像建立工具

使用Copilot生成圖片時，也可以直接進入「Designer影像建立工具」頁面中(https://www.bing.com/images/create)，只要輸入描述提示詞，就能夠在幾秒內立即生成圖片。

在此輸入描述

可用的點數

若沒有想法時，可按下此鈕，自動生成圖片

個人的創作集